Материалы III международной научно-практической

конференции

Фундаментальные и прикладные науки сегодня

22-23 мая 2014 г.

North Charleston, USA

Том 1

УДК 4+37+51+53+54+55+57+91+61+159.9+316+62+101+330

ББК 72

ISBN: 978-1499742688

В сборнике собраны материалы докладов III международной научно-практической конференции   " Фундаментальные и прикладные науки сегодня "

Все статьи представлены в авторской редакции.

Содержание
Биологические науки

Русинек О.Т., Бутакова С.В.

БИОИНВАЗИИ В ОЗЕРО БАЙКАЛ 1

Королев А.Н., Шадрин Д.М. , Пылина Я.И.

ГЕНЕТИЧЕСКИЙ ПОЛИМОРФИЗМ SOREX ARANEUS СРЕДНЕГО ТЕЧЕНИЯ РЕКИ ВЫЧЕГДЫ 4

Саляев Р.К., Рекославская Н.И., Столбиков А.С., Третьякова А.В.

ФУНДАМЕНТАЛЬНЫЕ И ПРИКЛАДНЫЕ НАПРАВЛЕНИЯ ИССЛЕДОВАНИЙ ПРИ РАЗРАБОТКЕ МУКОЗАЛЬНЫХ ВАКЦИН ПЕРОРАЛЬНОГО ПРИМЕНЕНИЯ НА ОСНОВЕ РАСТЕНИЙ 7

Феденёва О.А.

ПАРАЗИТАРНАЯ СИСТЕМА *CONTRACAECUM OSCULATUM BAICALENSIS* (NEMATODA, ANISAKIDAE) 11

Ветеринарные науки

Чеходариди Ф.Н., Персаев Ч.Р., Гугкаева М.С.

ПАТОГЕНЕТИЧЕСКАЯ ТЕРАПИЯ ГНОЙНО-НЕКРОТИЧЕСКИХ ЯЗВ КОПЫТЕЦ У КОРОВ......................14

Географические науки

Andreyanova S.I.

SOME ASPECTS OF STUDYING THE CONFESSIONAL SPACE..17

Искусствоведение

Колпецкая О.Ю., Сесюнина Е.В.

ПОСТАНОВКИ «МЮЗИК-ХОЛЛЬНЫХ БАЛЕТОВ» В РУССКОЙ АНТРЕПРИЗЕ С.П. ДЯГИЛЕВА...........21

Гудков И.Б.

ДЕЙСТВИЕ - ОСНОВА СЦЕНИЧЕСКОГО ИСКУССТВА 26

Прыгун Е.В.

ФОРТЕПИАННОЕ ТРИО СИБИРСКОГО КОМПОЗИТОРА ВЛАДИМИРА ПОНОМАРЁВА....................29

Исторические науки

Потапова Н.В.

ПОМОЩЬ РУССКО-УКРАИНСКИХ ЭМИГРАНТОВ-БАПТИСТОВ ИЗ США И КАНАДЫ РОССИЙСКИМ ЕДИНОВЕРЦАМ В 1916-1922 ГГ. (ПО МАТЕРИАЛАМ ЖУРНАЛА «СЕЯТЕЛЬ» - «СЕЯТЕЛЬ ИСТИНЫ»)..36

Мезит Л.Э.

СОСТОЯНИЕ ДОМОВ ИНВАЛИДОВ В КРАСНОЯРСКОМ КРАЕ В ГОДЫ ВЕЛИКОЙ ОТЕЧЕСТВЕННОЙ ВОЙНЫ..45

Содержание

Культурология

Нелепина Е.А., Антимонов К.Э., Саницкий А.В., Саницкая Г.А.

ИСПОЛЬЗОВАНИЕ КУЛЬТУРНО-ИСТОРИЧЕСКИХ ОСОБЕННОСТЕЙ КУРСКОЙ ОБЛАСТИ НА НОВОМ ТУРИСТСКО-ЭКСКУРСИОННОМ МАРШРУТЕ 48

Медицинские науки

Клюшникова М.О., Клюшникова О.Н., Большедворская Н.Е.

АНТИМИКРОБНОЕ ЛЕЧЕНИЕ ХРОНИЧЕСКОГО ГЕНЕРАЛИЗОВАННОГО ПАРОДОНТИТА 52

Вязьмин А.Я., Клюшников О.В., Подкорытов Ю.М., Никитин О.Н.

ЭТИОПАТОГЕНЕЗ ДИСФУНКЦИИ ВИСОЧНО-НИЖНЕЧЕЛЮСТНОГО СУСТАВА 57

Науки о земле

Sivokon Y.V.

FEATURES ACCUMULATION OF CHEMICAL ELEMENTS IN THE MOUNTAIN FOREST SOILS RIVER VALLEY KARAUGOM 64

Политические науки

Слизовский Д.Е., Пашенская Р.А.

ФЕДЕРАЛИЗМ: СПЕЦИФИКА ВКЛЮЧЕННОСТИ ТЕОРИИ В СОВРЕМЕННЫЙ ПОЛИТИЧЕСКИЙ ПРОЦЕСС (В СВЯЗИ С СОБЫТИЯМИ НА УКРАИНЕ, И ИХ ВЛИЯНИЯ НА ФЕДЕРАЛИЗМ В РОССИЙСКОЙ ФЕДЕРАЦИИ) 67

Педагогические науки

Шакирова Л.Р.

ПРИСУЖДЕНИЕ УЧЕНЫХ СТЕПЕНЕЙ В ДОРЕВОЛЮЦИОННЫХ УНИВЕРСИТЕТАХ 75

Ляпустина В.В., Ляпустина Л.В., Тарасова И.В.

РЕКЛАМА КАК СПОСОБ РЕШЕНИЯ СОЦИАЛЬНЫХ ПРОБЛЕМ 84

Ценюга С.Н., Романова Е.А., Ценюга И.Н., Корытько Ю.С.

НАЧАЛЬНОЕ ПРОФЕССИОНАЛЬНОЕ ОБРАЗОВАНИЕ В ЕНИСЕЙСКОЙ ГУБЕРНИИ В ПЕРВЫЕ ГОДЫ СОВЕТСКОЙ ВЛАСТИ В НАЧАЛЕ 1920-Х ГГ. 86

Балганова Е.В., Музыченко Е.А.

СРАВНЕНИЕ ОБРАЗОВАТЕЛЬНЫХ СТАНДАРТОВ В СФЕРЕ УПРАВЛЕНИЯ ПЕРСОНАЛОМ 90

Смирнова М.А.

ДИДАКТИЧЕСКИЕ ВОЗМОЖНОСТИ ПРОЕКТНОЙ ДЕЯТЕЛЬНОСТИ В ФОРМИРОВАНИИ ПОЗНАВАТЕЛЬНОЙ АКТИВНОСТИ 95

Колыман Е.Н., Музыченко Е.А.

О ГОТОВНОСТИ ВЫПУСКНИКОВ ШКОЛ К ДАЛЬНЕЙШЕМУ ОБУЧЕНИЮ В ВУЗЕ 98

Содержание

Бочаров И.П.

ПЕДАГОГИЧЕСКАЯ МОДЕЛЬ ФОРМИРОВАНИЯ ЦЕННОСТНОГО ОТНОШЕНИЯ К ЗДОРОВЬЮ У СТУДЕНТОВ ТЕХНИЧЕСКОГО ВУЗА 105

Психологические науки

Коваленко Е.Г.

ПСИХОЛОГИЧЕСКИЕ МЕХАНИЗМЫ ГАРМОНИЧНОГО РАЗВИТИЯ ЛИЧНОСТИ В ПОЗДНЕЙ ВЗРОСЛОСТИ 108

Федорова Ю.С., Стрижев В.А., Макидонова Е.В.

ЛИЧНОСТНЫЙ КОНТРОЛЬ КАК КОПИНГ-РЕСУРС ЛИЦ С НАРКОТИЧЕСКОЙ ЗАВИСИМОСТЬЮ 111

Технические науки

Вакуленко С.П., Евреенова Н.Ю.

ОСОБЕННОСТИ ЗОНИРОВАНИЯ ПЛОЩАДЕЙ ТРАНСПОРТНО-ПЕРЕСАДОЧНЫХ УЗЛОВ 114

Майстренко И.Ю.

АНАЛИЗ ПРИЧИН АВАРИИ ГРУЗОПОДЪЕМНОГО КРАНА МЕТОДОМ СТАТИСТИЧЕСКОГО МОДЕЛИРОВАНИЯ 117

Лапин А.А., Дюдюн Д.Е., Пигулев Р.В.

ПРИМЕНЕНИЕ МИКРОКОНТРОЛЛЕРА ДЛЯ РЕШЕНИЯ ЗАДАЧИ ВЫСОКОТОЧНЫХ ИЗМЕРЕНИЙ ДЕФОРМАЦИЙ 121

Ахметов Б.С., Аналиева А.У., Киселева О.В., Харитонова Е.П.

АВТОМОБИЛЬНЫЙ ВАРИАНТ ОБЪЕКТОВОГО БЛОКА ИНТЕГРИРОВАННОЙ ON-LINE СИСТЕМЫ КОНТРОЛЯ ЗАГРЯЗНЕНИЙ ОКРУЖАЮЩЕЙ СРЕДЫ 126

Харитонов П.Т, Ахметов Б.С, Балгабаева Л.Ш., Киселева О.В.

ЭКСТРЕМАЛЬНЫЙ РЕГУЛЯТОР ОТБИРАЕМОЙ МОЩНОСТИ ОТ ЭЛЕКТРИЧЕСКОГО ГЕНЕРАТОРА МОБИЛЬНЫХ МИКРО ГЭС С ИНФОРМАЦИОННЫМИ СИСТЕМАМИ 131

Куц Д.В., Заводовский В.Б.

СПОСОБЫ ИСПОЛЬЗОВАНИЯ СОПРОЦЕССОРОВ АРХИТЕКТУРЫ INTEL MIC В ВЫСОКОПРОИЗВОДИТЕЛЬНЫХ ВЫЧИСЛЕНИЯХ 134

Volgina L.V.

REYNOLDS-STRESS PROFILES AND SPECTRA IN OPEN CANNEL FLOW 144

Физико-математические науки

Knutova N.S., Shvarts K.G.

INFLUENCE OF SLOW ROTATION ON THE STABILITY OF A THERMOCAPILLARY ADVECTIVE LIQUID FLOW IN THE MICROGRAVITY SITUATION 147

Содержание

Родин Д.А.

ОРБИТАЛЬНАЯ ЭВОЛЮЦИЯ КОМПЛЕКСА ПОЧТИ ПАРАБОЛИЧЕСКИХ КОМЕТ.............................150

Филологические науки

Черкашина С.П.

МИФОЛОГО-АРХЕТИПИЧЕСКИЙ ПЛАСТ РАССКАЗА Л. ПЕТРУШЕВСКОЙ «ЕВРЕЙКА ВЕРОЧКА» ...153

Шехтман Н.А., Докучаева В.В.

ОППОЗИЦИИ В ГЛЮТТОНИЧЕСКОЙ КОММУНИКАЦИИ.............................158

Экономические науки

Ураев Н.Н.

МЕТОДИКА ВЫЯВЛЕНИЯ И КОЛИЧЕСТВЕННОЙ ОЦЕНКИ ПРОИЗВОДСТВЕННЫХ ПОТЕРЬ В СТРУКТУРНОМ ПОДРАЗДЕЛЕНИИ ПРОМЫШЛЕННОГО ПРЕДПРИЯТИЯ.............................161

Фролова В.А., Шеметова Е.В., Дашкевич Р.А.

МЕТОДИКА ОЦЕНКИ КАЧЕСТВА ОБРАЗОВАНИЯ.............................165

Пахомов А.А., Мостахова Т.С.

АНАЛИЗ ПРОЦЕССОВ РОЖДАЕМОСТИ В РЕСПУБЛИКЕ САХА (ЯКУТИЯ): ОСОБЕННОСТИ И ПРОБЛЕМЫ.............................172

Фомченкова Л.Д., Дли С.М.

МОДЕЛЬ РАЗРАБОТКИ И ВНЕДРЕНИЯ УПРАВЛЕНЧЕСКИХ ИННОВАЦИЙ В СТРАТЕГИЧЕСКОМ МЕНЕДЖМЕНТЕ.............................184

Голяшев В.А.

МЕЖРЕГИОНАЛЬНАЯ ЭКОНОМИЧЕСКАЯ ИНТЕГРАЦИЯ В РОССИИ: ТЕНДЕНЦИИ И МЕХАНИЗМЫ РАЗВИТИЯ.............................188

Жаботинская Т.А.

ФИНАНСОВЫЕ РИСКИ И СПОСОБЫ ИХ СНИЖЕНИЯ НА ПРИМЕРЕ КОММЕРЧЕСКОГО БАНКА......193

Волкова О.Ю.

БЮДЖЕТИРОВАНИЕ ЗАТРАТ В ПРЕДПРИЯТИЯХ ЖЕЛЕЗНОДОРОЖНОГО ТРАНСПОРТА НА ОСНОВЕ МОДЕЛИРОВАНИЯ ТЕХНОЛОГИЧЕСКИХ ПРОЦЕССОВ.............................198

Лунина Т.А., Дементьев Д.С.

ОЦЕНКА ЭФФЕКТИВНОСТИ ДЕЯТЕЛЬНОСТИ УЧРЕЖДЕНИЯ ВЫСШЕГО ПРОФЕССИОНАЛЬНОГО ОБРАЗОВАНИЯ.............................201

Багузова О.В., Балакин А.П.

МЕТОДИКА РАСЧЕТА ПРИОРИТЕТА РЕАЛИЗАЦИИ ПЛАНОВЫХ МЕРОПРИЯТИЙ В РАМКАХ ИНВЕСТИЦИОННОЙ ПРОГРАММЫ ПО РАЗВИТИЮ ЭЛЕКТРОСЕТЕВОГО КОМПЛЕКСА.............................204

Содержание

Хубаев Т.А., Гугкаева С.С.

ЗАРУБЕЖНЫЙ ОПЫТ ГОСУДАРСТВЕННОЙ ПОДДЕРЖКИ И ВОЗМОЖНОСТИ ЕГО ИСПОЛЬЗОВАНИЯ В РОССИИ 208

Шимарина И.Е., Ермохина Н.В.

БАРЬЕРЫ РАЗРАБОТКИ И РЕАЛИЗАЦИИ ГОСУДАРСТВЕННЫХ ПРОГРАММ В РЕСПУБЛИКЕ ТАТАРСТАН 213

Русинек О.Т., Бутакова С.В.
д.б.н., Байкальский музей Иркутского Научного Центра СО РАН,
rusinek@isc.irk.ru;
студентка ФБОУ ВПО «Восточно-Сибирская государственная
академия образования»5962svetlana.butakova@mail.ru

БИОИНВАЗИИ В ОЗЕРО БАЙКАЛ

Под биологическими инвазиями понимаются все случаи проникновения живых организмов в экосистемы, расположенные за пределами их естественного ареала [2,17; 4,70; 12,207]. Процесс исчезновения аборигенных видов и инвазии чужеродных видов могут стать причиной гомогенизации состава биологических сообществ на Земле и утрачивания уникальных адаптаций организмов на видовом и ценотическом уровнях. Биологические инвазии в озеро Байкал относятся к интродукциям, поскольку они осуществлялись в результате деятельности человека (преднамеренно и непреднамеренно)[2,21; 13, 8].

Элодея канадская в бассейне Байкала. Интродукцию элодеи канадской (*Elodea canadensis*) (середина 1970-х годов) изначально трактовали как биологическое загрязнение уникального озера Байкал. Впервые вид был обнаружен В.Н. Паутовой в р. Енисей возле Красноярска в 1974 г., и в Иркутском водохранилище (губы Еловая, Волчья, Уладово) в августе 1974 г. [10,1020]. Впервые в Байкале элодея была отмечена в Посольском соре и на Селенгинском мелководье [9,97]. Пути её проникновения в Байкал рассмотрены в работе М.Г. Азовского [1,63]: на винтах кораблей или с рыболовецкими сетями; есть мнение и об участии в этом аквариумистов. Элодея относится к многолетним длиннопобеговым гидрофитам. Её часто называют «водяной заразой» или «водяной чумой». Быстрый рост элодеи и активное вегетативное размножение способствовали её стремительному продвижению в прибрежных водах озера. Она освоила практически всё мелководье от Утулика до Нижнеангарска. В 1980-е годы её фитомасса достигала 300 г/м^2. Высказывались опасения относительно вытеснения элодеей байкальских макрофитов и развития заморных явлений подо льдом в результате разложения больших масс отмерших водорослей. Сейчас элодея локализована возле поселений, в бухтах, сорах, Малом море, местах впадения рек, где она играет роль биологического фильтра, активно поглощающего поступающие загрязняющие вещества. Её заросли являются пищей для растительноядных рыб и местами защиты гидробионтов от хищников. Элодею используют на корм скоту. Отрицательная роль элодеи в водоемах заключается в ее влиянии на снижение биоразнообразия сообществ, а так же ее заросли создают препятствие судоходству [1,63; 6,2; 7,130].

Рыбы и их паразиты, интродуцированные в озеро Байкал. История интродукции рыб в бассейне озера Байкал насчитывает уже более 80 лет

[14,995]. Основной целью этих работ было увеличение рыбопродуктивности Байкала за счет вселения новых видов. В настоящее время в Байкале обитают 5 видов рыб, появившихся здесь в результате интродукции [15,344]. Это пелядь *Coregonus peled*, амурский сом *Parasilurus asotus*, сазан *Cyprinus carpio haematopterus* и восточный лещ *Abramis brama orientalis*, а также сорный вид ротан-головешка *Perccottus glenii*. Следствием этих работ стал нежелательный завоз в байкальский регион ротана-головешки, а так же паразитов рыб, ранее отсутствующих в бассейне Байкала.

Паразитофауна рыб-интродуцентов в Байкале представлена 48 видами, включая 15 специфичных паразитов, завезенных в озеро из материнских водоемов [15,377]. С аборигенных рыб на интродуцированные виды рыб перешли 33 вида паразитов, для которых рыбы-вселенцы стали промежуточными и окончательными хозяевами. Таким образом, интродукция рыб привела к изменению структуры паразитарных систем озера Байкал, так как увеличился состав промежуточных и окончательных хозяев паразитов аборигенных байкальских рыб. Из перешедших в условиях Байкала паразитов только нематода *Raphidascaris acus* отмечена у этих рыб-интродуцентов в материнских водоемах. Природным популяциям паразитов соответствует только паразитофауна пеляди – типичного представителя сиговых рыб. Переход паразитов с рыб-вселенцев на местные виды рыб не установлен. Это очень важный вывод, поскольку при акклиматизации рыб может иметь место переход паразитов с вселяемой рыбы на аборигенов, что может отрицательно сказаться на последних [3,367].

Ондатра – интродуцент в бассейн Байкала. Ондатра появилась в бассейне озера Байкал в результате акклиматизационных мероприятий в 1932-1933 гг. Впервые у ондатры был отмечен северо-американский специфичный паразит-вселенец – трематода *Quinqueserialis quinqueserialis* [8,219]. Промежуточным хозяином его является брюхоногий моллюск *Anisus stroemi*. Наряду с ондатрой в бассейне Байкала отмечено заражение этой трематодой и других грызунов [5,78; 11,3].

Учитывая современную ситуацию, считаем, что необходим постоянный контроль за интродуцентами и особенно за паразитами и их хозяевами (состав и количественные показатели, распространение). Это может быть важным критерием состояния экосистемы Байкала в связи с изменением его фито- ихтио- и паразитарных сообществ [15,381].

Работа выполнена при частичной финансовой поддержке гранта РФФИ № 13-04-00270 «Исследование биохимических механизмов взаимодействия в системе паразит-хозяин».

Литература

1. Азовский М.Г. К распространению *Elodea canadensis* Mich. в оз. Байкал // Проблемы экологии Прибайкалья (Тез. докл.). Иркутск, 1982. Вып. 2. С. 63-64.

2. Алимов А.Ф., Богуцкая Н.Г., Орлова М.И. и др. Биологические инвазии в водных и наземных экосистемах // Биологические инвазии в водных и наземных экосистемах. М.-СПб: Товарищество научных изданий КМК, 2004. 436 с.

3. Догель В.А. Общая паразитология. Л.: Изд-во Ленинградского ун-та, 1962. 464 с.

4. Дгебуадзе Ю.Ю. Биологические инвазии чужеродных видов – глобальная экологическая проблема // Сохранение биологического разнообразия как условие устойчивого развития. М.: Институт устойчивого развития, 2009. С. 70-83.

5. Жалцанова Д.-С.Д., Некрасов А.В., Суманов В.Б. О гельминтофауне ондатр Бурятской АССР // Тр. Ин-та общ. и эксперим. Биологии АН МНР. – Улан-Батор, 1976. - №11 – С. 78-83.

6. Кравцова Л.С., Ижболдина Л.А., Механикова И.В., Помазкина Г.В., Белых О.И. Натурализация *Elodea canadensis* Mich. в озере Байкал // Российский журн. биологических инвазий, 2010. N 2. С. 2-16.

7. Майстренко С.Г., Неронов Ю.В. Элодея канадская в бассейне озера Байкал: распространение и последствия вселения// Американо-российский симпозиум по инвазионным видам. 27-31 августа 2001 г., Борок, Россия. Тез. докл. Ярославль, 2001. С. 130-132.

8. Мачульский С.Н. Гельминтофауна грызунов Бурятской АССР // Работы по гельминтологии (К 80-летию акад. К.И. Скрябина). М.: Наука, 1958. С. 219-224.

9. Неронов Ю.В., Майстренко С.Г. К проблеме «Элодея канадская в озере Байкал»// Круговорот вещества и энергии в водоемах (Тез. докл. к 5 Всесоюз. лимн. совещ., 2-4 сентября 1981). Иркутск, 1981. Вып. 1. С.97-99.

10. Паутова В.Н., Галимулин М.Г. О находках редких для Восточной Сибири видов высших водных растений // Ботан. журн., 1980. Т. 65. № 7. С. 1020-1022

11. Пронин Н.М. Об экологических последствиях акклиматизационных работ в бассейне озера Байкал//Биологические ресурсы Забайкалья и их охрана. Улан-Удэ: Изд-во Бурятского филиала СО АН СССР, 1982. С. 3-18.

12. Реймерс Ф.Э. Основные биологически понятия и термины. М.: Просвещение, 1988. 319 с.

13. Русинек О.Т. Биологические инвазии в водных экосистемах: методическое пособие // О.Т. Русинек – Иркутск: Изд-во Института географии им. В.Б. Сочавы СО РАН, 2011. – 77 с.

14. Русинек О.Т. Биологическое загрязнение озера Байкал // Байкаловедение. Новосибирск: Наука, 2012. Т.2. С. 995-1004.

15. Русинек О.Т. Паразиты рыб озера Байкал (фауна, сообщества, зоогеография, история формирования). М.: Товарищество научных изданий КМК, 2007. 571 с.

Королев А.Н.[1], Шадрин Д.М.[2], Пылина Я.И.[3]

[1] инженер, ФГБУН Институт биологии Коми НЦ УрО РАН, Сыктывкар 167982, Россия. korolev@ib.komisc.ru

[2] к.б.н., научный сотрудник, ФГБУН Институт биологии Коми НЦ УрО РАН, Сыктывкар 167982, Россия.

[3] инженер, ФГБУН Институт биологии Коми НЦ УрО РАН, Сыктывкар 167982, Россия.

ГЕНЕТИЧЕСКИЙ ПОЛИМОРФИЗМ SOREX ARANEUS СРЕДНЕГО ТЕЧЕНИЯ РЕКИ ВЫЧЕГДЫ

Обыкновенная бурозубка (*Sorex araneus* Linnaeus, 1758) – один из наиболее широко распространенных и массовых видов землероек Палеарктики. В европейской части России она распространена от тундровой зоны на севере до степной зоны на юге. В Республике Коми встречается во всех подзонах тайги, населяет лесотундру, отмечена в южной тундре (Млекопитающие, 1994). Для обыкновенной бурозубки характерна значительная морфологическая и хромосомная изменчивость. К настоящему времени описано более 70 хромосомных рас этого вида (Щипанов и др., 2009). Считается, что хромосомные расы представляют собой будущие виды, находящиеся на разных стадиях формирования, поэтому обыкновенная бурозубка часто возводится в ранг надвида.

Большое преимущество в выявлении эволюционных изменений имеют молекулярно-генетические методы, бурно развивающиеся в последние десятилетия. Благодаря их применению установлено, что особенности молекулярной дивергенции бурозубок часто находятся в противоречии с особенностями кариологии (Balakirev et al., 2007). Цель данной работы – оценить генетический полиморфизм гена *cyt b* мтДНК ряда популяций обыкновенной бурозубки бассейна р. Вычегда и выявить связи «вычегодских» бурозубок с популяциями других регионов.

Сбор материала (мышечные ткани) производился в окрестностях г. Сыктывкар и с. Гам Усть-Вымского района Республики Коми. Отлов зверьков вели давилками. Пробы фиксировали по стандартной методике в этиловом спирте (96 %). Всего исследовано 18 проб (12 из окрестностей Сыктывкара (код на рисунке Syktyvkar) и 6 из окрестностей с. Гам (код на рисунке Gam).

Выделение ДНК производили с помощью набора «FastDNASpinKit» («QBioGene», Канада) согласно инструкциям производителя. Амплификацию гена *cyt b* мтДНК осуществляли с использованием праймеров L14734 и H15985 (Ohdachi et al., 2001). Секвенирование проводили на базе ЦКП «Молекулярная биология» в Институте биологии Коми НЦ УрО РАН. Выравнивание последовательностей и последующую обработку результатов вели в программе MEGA 5.

Длина секвенированных (и выровненных) последовательностей гена *cyt b* мтДНК составила 1214 п.н. Выявлено 1203 консервативных и 11 вариабельных (из них 3 парсимони-информативных и 8 уникальных) сайтов. Следует отметить, что из восьми уникальных сайтов шесть принадлежат пробе Syktyvkar-3, два других – пробе Gam-17. Всего выявлено 7 гаплотипов. Четыре гаплотипа встречены в нескольких пробах (от 2 до 8), три гаплотипа оказались уникальными. Максимальная частота встреч отмечена для гаплотипа Syktyvkar-2, он обнаружен у 4 особей из окрестностей Сыктывкара и у 4 особей из окрестностей Гама. Генетические дистанции, вычисленные на основании двухпараметрической модели Кимуры, между пробой Syktyvkar-3 и остальными пробами из окрестностей г. Сыктывкар составили от 0.005 до 0.0067, между пробой Gam-17 и остальными пробами из Усть-Вымского района – от 0.0017 до 0.0033.

Все полученные последовательности подвергли филогенетическому анализу, по результатам которого было построено филогенетическое древо (рис. 1). На древе не наблюдается ярко выраженного разделения выборок по географическому принципу (расстояние между точками сбора проб – порядка 80 км, точки сбора расположены на противоположных берегах р. Вычегда). Это позволяет считать, что все животные принадлежат к одной генетической группировке. Исключение составляет проба Syktyvkar-3, выделившаяся в отдельную кладу.

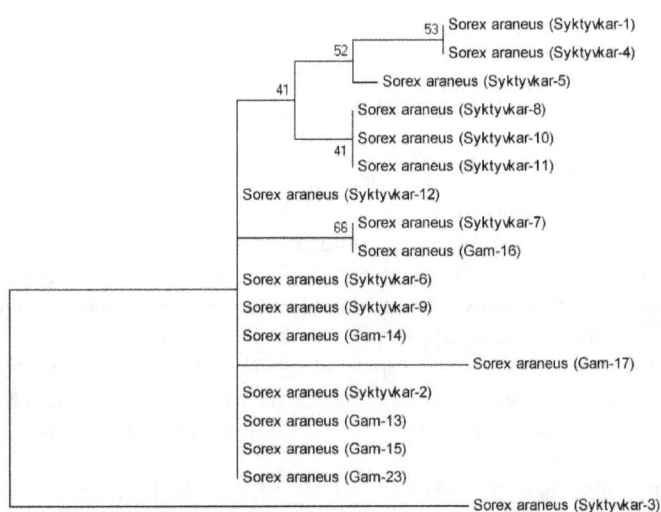

Рис. 1. Филогенетическое древо обыкновенной бурозубки бассейна р. Вычегда.

Сопоставление наших материалов с таковыми по бассейну р. Печора и материалами из GenBank (в целом проанализировано 354 последовательности длиной 953 п.н.; использована двухпараметрическая модель Кимуры, методы объединения ближайших соседей, коэффициент бутстрепа – 1000) показало (филогенетическое древо не приводится из-за громоздкости), что все пробы из окрестностей Сыктывкара и Гама, за исключение проб Syktyvkar-3 и Gam-17, формируют одну кладу. К ней в качестве сестринской группы примыкает проба Gam-17, образующая кладу с одной пробой из Шотландии. В целом, данные клады оказались близки популяциям целого ряда регионов европейской части России, в частности Московской, Воронежской, Саратовской и Ростовской областей. Проба Syktyvkar-3 попала в одну группу с пробами из Брянской и Саратовской областей, Финляндии, Венгрии, Швейцарии и Шотландии. Пробы из бассейна р. Вычегда оказались достаточно далеко удалены от проб из бассейна р. Печора, несмотря на географическую близость. Как и в случае с пробами из бассейна р. Печора (Королев и др., 2014) анализ проб из бассейна р. Вычегда подтвердил отсутствие значительной генетической дифференциации бурозубок европейской части России (Balakirev et al., 2007). При явном генетическом единстве подавляющего числа собранных проб последние имеют достаточно хаотические связи с другими регионами европейской части России в частности и всего Европейского континента в целом.

Работа выполнена при финансовой поддержке гранта РФФИ 13-04-98823 и Правительства Республики Коми.

ЛИТЕРАТУРА

Млекопитающие. Насекомоядные, Рукокрылые, Зайцеобразные, Грызуны / Отв. ред. В.Н. Большаков. СПб.: Наука, 1994. 280 с. (Фауна европейского Северо-Востока России. Млекопитающие; Т. 2, ч. 1).
Щипанов Н.А., Булатова Н.Ш., Павлова С.В., Щипанов А.Н. Обыкновенная бурозубка (*Sorex araneus*) – модельный вид эколого-эволюционных исследований // Зоологический журнал. 2009. Т. 88. № 8. С. 975-989.
Balakirev A.E., Illarionova N.A., Potapov S.G., Orlov V.N. DNA polymorphism within *Sorex araneus* from European Russia as inferred from mtDNA cytochrome *b* sequences // Russian Journal of Theriology. 2007. Vol. 6. No. 1. P. 35-42.
Ohdachi S.D., Dokuchaev N.E., Hasegawa M., Masuda R. Intraspecific phylogeny and geographical variation of six species of northeastern Asiatic *Sorex* shrews based on the mitochondrial cytochrome *b* sequences // Molecular Ecology. 2001. Vol. 10. P. 2199-2213.

Саляев Р.К.
чл.-корр.РАН профессор д.б.н.
Рекославская Н.И.
гнс. д.б.н.
Столбиков А.С.
к.б.н.
Третьякова А.В.
к.б.н. доцент
Федеральное государственное бюджетное учреждение науки Сибирский институт физиологии и биохимии растений СО РАН, Иркутск, Россия

ФУНДАМЕНТАЛЬНЫЕ И ПРИКЛАДНЫЕ НАПРАВЛЕНИЯ ИССЛЕДОВАНИЙ ПРИ РАЗРАБОТКЕ МУКОЗАЛЬНЫХ ВАКЦИН ПЕРОРАЛЬНОГО ПРИМЕНЕНИЯ НА ОСНОВЕ РАСТЕНИЙ

Растительные мукозальные вакцины имеют ряд преимуществ перед другими экспрессивными системами, например, на основе дрожжей, куриных эмбрионов, бакуловирусных систем экспрессии или клеток млекопитающих. К таким достоинствам относят относительную безопасность и дешевизну, отсутствие необходимости в высококвалифицированном персонале при развертывании центров вакцинирования в очагах развития вирусных заболеваний. Большим достоинством растительных мукозальных вакцин является их эукариотический тип фолдинга, узнаваемый как антителами, так и вирусными частицами. Это соответствует установленному факту о том, что мукозальные вакцины на основе растений способны генерировать как общий, так и системный иммунный ответ у теплокровных. В мире в различных лабораториях создано около 700 кандидатных вакцин против инфекционных вирусных и бактериальных заболеваний, часть из них уже проходит доклинические и клинические испытания.

Фундаментальные аспекты создания мукозальных вакцин на основе растений

Основной задачей на первом этапе исследований является создание дизайна экспрессивной кассеты генов, способной индуцировать продукцию антигенных белков опасных вирусов в достаточных количествах. Необходимым условием для создания экспрессивной системы является желательность выбора последовательности нативного гена, кодирующего антигенный белок. Важным условием экспрессивной кассеты генов является использование вирусных регуляторных элементов, обеспечивающих многократное использование матрицы гена для транскрипции и трансляции вирусного белка. К ним можно отнести широко используемый промотор p35S вируса мозаики цветной капусты, 5'-HTP TEV, содержащая IRES структуру, Ω лидер ВТМ, а также целый ряд других регуляторных элементов растительных вирусов. К сожалению, некоторые из них могут узнаваться растением, которое способно развивать посттранскрипционную РНК интерференцию и сайленсинг. Это негативное явление удается преодолеть внесением дополнительных генов, кодирующих синтез белков-антисайленсеров, которые обнаружены уже у многих растительных вирусов.

Нами были использованы различные способы трансформации растений: классический тип агробактериальной трансформации с использованием высечек из листьев растений, трансформация эксплантов в апекс *in vitro*, трансформация в пазушную почку целого растения *in planta*, трансформация в завязи плодов. В качестве объекта мы выбрали томат, плоды которого широко используется в пищу. Кроме того, в растениях томата присутствует томатин, являющийся природным адъювантом, усиливающим иммунный ответ. Трансформация эксплантов в апекс генетической конструкцией, содержащей синтетический бинарный ген p35STBI-HBS, кодирующий химерный белок с 9 эпитопами ВИЧ-1, индуцирующими синтез Т и В лимфоцитов, а также антигенный белок оболочки HBS вируса гепатита В (ВГВ), привела к гибели почти 2000 эксплантов. Важным этапом при данной трансформации оказалась длительная постепенная адаптация эксплантов к воздушной среде. Более перспективным способом трансформации оказалась агробактериальная трансформация в пазушную почку с последующим отбором трансформированных побегов, при этом выживало каждое растение, которое способно было давать плоды с продукцией белка TBI-HBS. С помощью селекции трансформантов на среде МС с 50-100 мг/л канамицина удалось повысить продукцию антигенного белка TBI-HBS с 4 нг до 25 нг на 1 мг общего растворимого белка (ОРБ). Этот уровень экспрессии поддерживался в плодах 7 семенных поколений трансгенных по гену TBI-HBS растений томата. Содержание в 25-30 нг/мг ОРБ белка TBI-HBS оказалось достаточным для индукции синтеза антител к TBI-HBS как в сыворотке крови мышей, так и в фекалиях.

При разработке кандидатной вакцины против гепатита В с использованием гена PreS2-S ВГВ в растения томата при агробактериальной трансформации дополнительно вводили также ген *ugt*, кодирующий синтез УДФГ-трансферазы (ИУК-глюкоза синтазы), оптимизирующий гормональный статус растений. В результате селекции на среде МС с 100 мг/л канамицина были получены трансгенные растения с продукцией антигенного белка PreS2-S до 130 нг/мг белка в 5 семенных поколениях. Дополнительное внесение путем инъекции генетической конструкции, находящейся в плазмиде pBIN в суспензии A.t. в развивающиеся плоды позволило повысить содержание антигенного белка PreS2-S до 230 нг/мг ОРБ в зрелых плодах томата. Этого количества антигенного белка в вакцинном материале оказалось вполне достаточно для индукции синтеза нейтрализующих антител в сыворотке крови мышей после скармливания им вакцинного материала плодов в количестве 500 мг на 1 мышь.

Таким образом, были использованы с положительным результатом несколько способов генетической трансформации растений томата.

Прикладные аспекты исследований при создании мукозальных вакцин на основе трансгенных растений

При наличии в вакцинном материале достаточного количества антигенного белка возникают вопросы, связанные с иммунизацией подопытных животных, которые затрагивают дозировку вакцины, схемы иммунизации, изучение продолжительности иммунного ответа, а также сравнение антительного ответа с антителами стандартного производства фирм-изготовителей.

Дозой, вызывающей антительный ответ для одной мыши, является, судя по литературным данным, концентрация антигенного белка в 1-10 нг (а иногда и меньше). Для профилактики заболевания нужны дозы в 10-100 раз более высокие. Дозу можно уменьшить, если использовать адъюванты, например, широко используемый СТВ, или менее распространенный для иммунизации томатин. В нашем случае в плодах томата содержание томатина составляло примерно 10-30 мг на 1 г зеленого плода. Поэтому другие адъюванты мы не использовали. Схему иммунизации подбирали в соответствии с определяемым количеством антител в сыворотке крови мышей. После первого вакцинирования через интервал в 1 месяц проводили второе вакцинирование, еще через 1,5 месяца проводили третье вакцинирование. При изучении длительности иммунного ответа только через 2 года отмечали снижение уровня содержания антител у вакцинированных мышей. Длительное содержание мышей после вакцинирования позволило проанализировать динамику синтеза антител в сыворотке крови мышей. Уже через 7-10 суток после первого вакцинирования в сыворотке обнаруживали четкий антительный ответ по сравнению с контрольными мышами. Наиболее высокое содержание антител определялось примерно через 6 месяцев после первого вакцинирования. Третье (и если проводили четвертое) вакцинирование позволяло поддерживать высокий уровень содержания антител в течение года, что составляет примерно половину времени жизни мышей в природных условиях.

Таким образом, было установлено, что продуцируемые в растениях антигенные белки способны не только вызывать индукцию синтеза нейтрализующих антител, но и давать активный иммунный ответ.

Дальнейшие направления работ при разработке мукозальных вакцин на основе трансгенных растений

Важнейшей задачей является поиск способов дальнейшего повышения синтеза антигенных белков в трансгенных растениях. Известны работы, в которых продукция антигенных белков достигает несколько мг на 1 грамм сухой массы. Высокая степень продуцирования антигенных белков позволит уменьшить дозу растительного вакцинного материала при пероральном применении. Далее при клинических испытаниях необходимо разрабатывать способы подачи вакцинного материала, например, для детей желательны формы лиофильно высушенного и измельченного материала вакцины в сладком сиропе. Необходимо также изучить степень сохранности антигенного белка в вакцинном материале плодов в течение периода хранения. В наших условиях при хранении измельченного вакцинного растительного материала плодов в бытовом морозильнике при температуре -15^0 С в запечатанном пластиковом пакете не происходило снижения содержания антигенного белка в течение года и более. Желательно также разработать формы вакцины в виде желатиновых капсул, гранулированного материала или таблеток для массового производства вакцины.

Таким образом, изучение возможности использования растительных экспрессивных систем для производства вакцин позволило выявить дополнительные преимущества, например, более высокую специфичность иммунного ответа. С другой стороны, использование растительных систем на основе томата позволит создать продуценты с достаточным выходом антигенных белков, более дешевые, способные к масштабированию.

Феденёва О.А.
аспирант ФБГУН Байкальский музей ИНЦ СО РАН

ПАРАЗИТАРНАЯ СИСТЕМА *CONTRACAECUM OSCULATUM BAICALENSIS* (NEMATODA, ANISAKIDAE)

Паразитарная система представляет собой саморегулирующуюся систему, которая объединяет паразита на разных фазах развития (свободноживущие, личиночные, взрослые) и популяции хозяев (первых, вторых промежуточных, резервуарных и окончательных) [1, 331]. В настоящее время в литературе имеется ряд сведений, которые важны для понимания структуры и функционирования паразитарной системы *Contracaecum osculatum baicalensis*, исследованием которой мы занимаемся.

Contracaecum osculatum baicalensis Mosgovoj et Ryjikov, 1950 – паразитическая нематода желудочно-кишечного тракта, дефинитивным хозяином которой является байкальский тюлень. Эти нематоды локализуются поодиночке или группами до 20 особей (чаще 8-12, максимально зарегистрированное количество – около 300) в желудке, на стенках которого образуются глубокие язвы (диаметром до 25 мм), за счёт внедрения в них личинок [2, 111]. Зараженность зверей этой нематодой составляет от 91,2 до 100 % [4, 97].

Первые сведения о нематодах байкальского тюленя - *Contracaecum osculatum* - были получены по результатам 272-й Всесоюзной гельминтологической экспедиции, работавшей на оз. Байкал в 1949 г. Гельминтологические исследования тюлений позволили А.А. Мозговому и К.М. Рыжикову (1950) сделать детальное описание нематод, на основании которого был установлен подвид *С. o. baicalensis.* [2, 99]. Изучая гельминтофауну байкальской нерпы и некоторых видов рыб Байкала, В.Е. Судариков и К.М. Рыжиков пришли к выводу, что личинки нематод *Contracaecum,* паразитирующие в теле желтокрылого бычка *Cottocomephorus grewingkii*, являются личинками *С. o. baicalensis* – паразита пищеварительного тракта байкальской нерпы *Phoca sibirica* [3, 244]. Также исследователи установили ряд фактов: желтокрылые бычки значительно сильнее заражены личинками *Contracaecum* в местах, где водится нерпа; сравнение анатомо-морфологических особенностей личинок *Contracaecum* от желтокрылого бычка и неполовозрелых *С. osculatum* из желудка нерпы подтверждают их принадлежность к одному виду; последнее подтвердило их предположение о схеме жизненного цикла нематоды. В.Е. Судариков и К.М. Рыжиков представили его в следующем виде:

1. дефинитивный хозяин (личинки IV стадии) – байкальская нерпа - *Phoca sibirica*, в котором обнаруживались личинки III, IV стадии и половозрелые особи;

2. наиболее вероятный промежуточный хозяин (личинки II стадии) – бокоплав – *M. branickii*, один из наиболее многочисленных пелагических ракообразных Байкала и составляющим основную пищу желтокрылого бычка [8, 61]. В настоящее время *M. branickii* предположительно называют I-м промежуточным хозяином;

3. дополнительный (2-й промежуточный) хозяин (личинки III стадии) – желтокрылый бычок *C. grewingkii*, который является обязательным звеном в биологическом цикле этой нематоды и не может рассматриваться как резервуарный хозяин. По предположению В.Е. Сударикова и К.М. Рыжикова, желтокрылый бычок заглатывает вместе с I-м промежуточным хозяином личинку II стадии, которая развивается в теле бычка в личинку III стадии, характеризующуюся наличием слепых отростков пищеварительной системы [8, 61].

Немного позже Е.А. Богданова (1957) указала, что личинки *Contracaecum* от лососевидных рыб Байкала, отмеченные ещё Ляйманом в 1933 году, также относятся к подвиду *C. o. baicalensis*. В.Е. Заика (1965) в числе хозяев нематоды отмечает 9 видов рыб с указанием количественных данных по зараженности: *Cottocomephorus inermis* (80%), налим (30%), песчаная широколобка, *Paracottus knerii* (27 %), плоская широколобка, жирная широколобка, *Batrachocottus nikolskii* (27%), плоская широколобка, *Abyssocottus bergianus* (10%) омуль (6,6 %), и только отмечает зараженность хариуса, ушканской широколобки, *Batrachocottus uschkanii*, и желтокрылого бычка [5, 242].

Данные, которые обобщила в своей монографии О.Т. Русинек уже сейчас позволяют модифицировать имеющиеся сведения о жизненном цикле нематоды *C. o. baicalensis*, при помощи дополнения круга его вторых промежуточных хозяев рогатковидными рыбами и лососевидными рыбами (омуль, хариус, ленок, таймень) а также уточнением относительно круга первых промежуточных хозяев, которыми могут быть не только макрогектопус, но и многочисленные донные амфиподы, которыми питаются рогатковидные рыбы [7, 491].

По данным В.Д. Пастухова, бычки составляют основную часть рациона байкальского тюленя, а также в нескольких экземплярах нерп им были обнаружены исключительно гаммариды рода *Odontogammarus*, в частности *Macrohectopus branickii* [6, 171]. По результатам двух экспедиций, проведённых С. Д. Делямуре в 1976 г, было установлено, что нематода *C. osculatum baicalensis* значительно больше поражает байкальскую нерпу весной, чем осенью [2, 114]. Д.С.-Д. Жалцанова, по результатам исследований, проведенных в 1978 г., приходит к выводу, что более корректным будет являться сравнение межгодовых изменений заражённости нерпы из одного района, полученных в одно и то же время года, а не только по сезонным изменениям количества желтокрылого бычка в питании байкальского тюленя [5, 241]. При рассмотрении возрастной динамики заражённости нерпы этой нематодой выявляются некоторые особенности: уже в возрасте 2,5-3 месяца все зверьки заражены нематодой со средней интенсивность инвазии 259,3 экз.; у годовалых особей интенсивность инвазии нарастает и достигает максимума (более 500 экз.); в возрасте более 2-х лет отмечается снижение заражённости; минимум средней экстенсивности и интенсивности инвазии приходится на возрастную группу (3+) – (4+). В следующих возрастных группах заражённость увеличивается по индексу обилия, но остаётся значительно ниже, чем в младших возрастах (0+) – (2+) [5, 241].

В настоящее время о нематоде *С. o. baicalensis* нет сведений по анатомо-морфологическим особенностям личинок ранних стадий развития; также не выяснены пути попадания, миграции и период паразитарной инкубации личинок в организме байкальского тюленя, пути выделения паразита во внешнюю среду. Без этих сведений вопрос о структуре и функционировании паразитарной системы нематоды *Contracaecum osculatum baicalensis* следует считать открытым.

Литература:

1. Гранович А.И. Паразитарная система как отражение структуры популяции паразитов: концепция и термины // Труды Зоологического института РАН. 2009. Т. 313 (3). С.329–337.

2. Делямуре С. Д., Попов В. Н., Михалев Е. С. Гельминтофауна байкальской нерпы. – В кн.: Морфо-физиологические и экологические исследования байкальской нерпы. Новосибирск: Наука, 1982, с. 99 – 122.

3. Делямуре С.Д. Гельминтофауна морских млекопитающих в свете их экологии и филогении. – Изд. – М.: Академия Наук СССР, 1955, с. 238-249.

4. Жалцанова Д.-С. Д. Гельминты млекопитающих бассейна оз. Байкал. – М.: Наука, 1992. – 204 с.

5. Жалцанова Д.-С.Д., Пронин Н.М., Гладыш А.П., Брыкова Л.Н. Межгодовые и возрастные изменения заражённости байкальской нерпы нематодой *Contracaetum osculatum baicalensis*. – Паразитология, 1981, т. 15, вып. 3, с. 240-245.

6. Пастухов В.Д. Нерпа Байкала. - Новосибирск: Наука, 1993. - 271 с.

7. Русинек О.Т. Паразиты рыб озера Байкал (фауна, сообщества, зоогеография, история формирования) – М.: Товарищество научных изданий КМК, 2007. – 571 с.

8. Судариков В.С., Рыжиков К.М. К биологии *Contracaecum osculatum baicalensis* – нематоды байкальской нерпы. – Тр. ГЕЛАН, 1951, т.5, с. 59-66.

Чеходариди Ф.Н.
доктор ветеринарных наук, профессор кафедры ветеринарно-санитарной экспертизы, хирургии и акушерства ФГБОУ ВПО «Горский государственный аграрный университет» ggau.vet@mail.ru
Персаев Ч.Р.
кандидат ветеринарных наук, ассистент кафедры ветеринарно-санитарной экспертизы, хирургии и акушерства ФГБОУ ВПО «Горский государственный аграрный университет» ggau.vet@mail.ru
Гугкаева М.С.
кандидат биологических наук, старший преподаватель кафедры ветеринарно-санитарной экспертизы, хирургии и акушерства ФГБОУ ВПО «Горский государственный аграрный университет» ggau.vet@mail.ru

ПАТОГЕНЕТИЧЕСКАЯ ТЕРАПИЯ ГНОЙНО-НЕКРОТИЧЕСКИХ ЯЗВ КОПЫТЕЦ У КОРОВ

Актуальность темы. Болезни дистального отдела конечностей сельскохозяйственных животных, в том числе коров, в последние 30 лет являются наиболее актуальной проблемой животноводства. Они наносят значительный экономический ущерб хозяйствам, за счет выбраковки большого количества больных животных. Заболевают, как правило, самые высокопродуктивные животные, при этом заболеваемость копытец у коров в отдельных хозяйствах доходит до 50% от общего поголовья [1,90; 2,10].

В этой связи актуальным является поиск эффективных методов и средств, которые будут стимулировать физиологические защитные силы организма, охранять нервную систему от раздражений и перераздражений, вследствие чего быстро наступает коррекция функциональных нарушений в деятельности органов и систем организма и происходит выздоровление животных в короткие сроки [3,42; 4,186].

Цель исследования – изучить причины возникновения поражения копытец, способы применения бентонитовой глины для нормализации минерального обмена и кератинизации копытец у коров. Установить терапевтическую эффективность применения чистотелового настоя и бентонитовой глины на фоне квантовой энергии.

Материалы и методы исследований.

Научно-производственные исследования проводили в племхозе «Осетия» Пригородного района РСО-Алания.

Для выяснения локализации характера поражений копытец в племхозе «Осетия» было обследовано более 180 коров и первотелок.

Для изучения терапевтической эффективности применения чистотелового настоя и бентонитовой глины на фоне квантовой энергии нами были сформированы четыре группы коров с гнойно-некротическими язвами копытец у коров – две контрольные и две опытные группы, по 6 коров в каждой группе.

Первой контрольной группе коров после проведения туалета, внутрь давали бентонитовую глину в дозе 200г. вместе с концентратами один раз в сутки и на копытца накладывали салфетку смоченную чистотеловым настоем.

Второй контрольной группе – на копытце прикладывали порошок бентонитовой глины.

Животным первой опытной группы - на копытце накладывали салфетку смоченную чистотеловым настоем на фоне квантовой энергии.

Животным второй опытной группы - на копытце накладывали порошок бентонитовой глины на фоне квантовой энергии.

Морфологическими биохимическими и иммунологическими исследованиями крови на содержание гемоглобина, количества эритроцитов и лейкоцитов, СОЭ, общего белка и его фракций, коцентраций сиаловых кислот, фагоцитарная активность нейтрофилов и фагоцитарного индекса проводили по общепринятым методам.

Результаты собственных исследований.

Установлено, что в 93,5-95,2% животных поражены тазовые конечности, причем только 10-20% поражений копытец имелись на обеих конечностях. Доминирующими заболеваниями копытец у животных являлись гнойно-некротические язвы копытец от 40% до 50% от выявленных случаев.

На основании анализа рационов установлено, что в кормах содержится цинка 12,3±1,0мг/кг, марганца – 6,0±1,6мг/кг, меди – 0,70±0,05мг/кг, железа – 14,9±1,6мг/кг, серы – 0,002±0,001мг/кг, кобальта не обнаружено.

Применение бентонитовой глины больным коровам способствовало нормализации минерального обмена веществ в организме и профилактирует заболевания копытец у коров.

В результате применения в качестве антисептика 0,5% раствор вероцида, бентонитовой глины и чистотелового настоя у первой и второй контрольных групп коров полное клиническое выздоровление наступило в среднем на 32,5±2,12 и 35,2±1,86 сутки, тогда как у коров первой и второй опытных групп - на 24,4±1,26 и 29,5±1,34 сутки после начала лечения.

Исследованиями морфологических, биохимических и иммунологических показателями крови установлено, что у животных первой и второй опытных групп произошла нормализация этих показателей в среднем на 5-10 сутки после начала лечения.

Следовательно, комплексная терапия гнойно-некротической язвы копытец вызывает повышение общей резистентности организма у коров, которая сопровождается увеличением содержания глобулинов, снижением концентрации сиаловых кислот на 10-20% по сравнению с контрольной группой животных. Ускоряет заживление гнойно-некротической язвы у животных первой опытной группы на 6,1±0,28 сутки, у второй опытной группы на 8,1±0,34 сутки после начала лечения.

Выводы:

1. Гнойно-некротические язвы копытец у коров в племхозе «Осетия» составляют от 40 до 50 % от исследуемых 180 коров.

2. Для нормализации минерального обмена веществ, ускорения кератинизации копытец и профилактики заболевания копытец следует вводить в рацион коров бентонитовую глину в дозе 200 гр. один раз в день в течение 10 дней.

3. Клинические признаки у больных коров с гнойно-некротическими язвами проявлялись угнетением общего состояния, понижением аппетита, снижением молочной продуктивности на 28% и хромотой опирающейся конечности сильной степени.

4. Патогенетическая терапия ускоряет заживление гнойно-некротических язв у коров: первой опытной группы на 6,0±0,28 сутки, второй опытной группы на 8,1±0,34 сутки, а также нормализацию морфологических и иммунно - биохимических показателей крови у животных.

Литература:

1. Чабановский С.Г. О заболеваниях копытец у коров /С.Г.Чабановский //Ветеринария. - 1974. №7. – 90с.

2. Веремей Э.И. Этиопатогенез и современные подходы к лечению гнойно-некротических процессов в области копытец и пальцев у крупного рогатого скота / Э.И. Веремей, В.А. Журба, В.А. Лапина //Ветеринарный консультант, 2003. - №16 – С. 10-11.

3. Стекольников А.А. Комплексный метод лечения гнойного пододерматита / А.А. Стекольников, А.А. Кириллов / Ветеринарная практика. 2007. - №2 – 42с.

4. Чеходариди Ф.Н. Патогенетическая терапия гнойного пододерматита у коров / Ф.Н. Чеходариди, М.С. Гугкаева // Труды Всероссийской науч.-произв. конф. «Новые направления в решении проблем АПК на основе современных ресурсосберегающих инновационных технологий». – Владикавказ, 2010. – С.186-187

Andreyanova S.I.
postgraduate student of the Department of physical geography and
landscape of The North Caucasus Federal University

SOME ASPECTS OF STUDYING THE CONFESSIONAL SPACE

The formation of the confessional space is a complex and multifaceted process. World religious system, was based on the understanding of the nature of space and time man, and his place in it. The accumulation and deepening of scientific knowledge "image of the world" was transformed in certain models, which are also reflected currently in a vertical structure confessional space, namely, the understanding of the role and place of God in him.

To approach the problem of structuring ideas about the vertical structure of the confessional space necessary from the point of view of the existing classifications of modern religious teachings. First of all, it morphological classification L. Frobenius, which depending on the stage of social and economic development are allocated - animalism, monism and Solaris [12,14]. By G. Hegel all religions are divided depending on the spiritual self-awareness of the natural, spiritual, individual and absolute [4]. There is a division of religion depending on the criterion of moral conditionality on natural and ethical [6], as well as on traditional cults of ancient civilizations) and historical (Christianity, Islam, Buddhism, Judaism, etc) [10]. There are also typology of religions, which are based on notions of traditional and non-traditional teachings, sects, and cults (), 1986; Balagushkin, 1984; Voroshilov, 2002), natural (terrestrial) and supernatural (true true) beliefs [5].

All approaches (except Gegelia), unfortunately reflect only attempts to create horizontal structures confessional space, while its vertical structure and the place of God in space is not visible. Here it is expedient to use the model of geovisual (geographic cover the history of man), which has a complicated spatial structure, which formed a complex system "nature-society" [9]. GEOVERS can be a model for accounting for the vertical dimension confessional space and place of God in him, the idea of which was changed in different historical epochs.

Model "God is everywhere" was very common in the past. It is based on the understanding that God is reflected in everything that surrounds us. It is not only the Creator of the world, but this world is. The religious systems of God is beyond the scope of geovisual and is out of its space. Being one of the private spaces of geoforum, confessional space of this model is formed on the substrate of the surrounding nature (mesocosm) and combinations of divine spheres (the macrocosm). Examples of these religious systems are cosmocentrism, natural philosophy and traditional pagan beliefs associated with the deification of the forces of nature, animals, Land, etc. Here the image of God does not find a particular place in space, as he himself is this space.

Model "God is in heaven" shows simultaneously apophatic (nepostizhimym) and positive (understandably) approaches in religion [3]. The image of God here takes some places in the universe, which, however, is beyond the scope of system of coordinates of mankind. And although I have some ideas about the "heavenly Kingdom" (the Holy book, revelation, etc), much of the information remains hidden. Examples of such traditional teachings are Christianity, Islam and Judaism.

The idea that there is a special "Kingdom of God" was formed in the Middle ages. The achievement of this Kingdom and the relevant norms of morality formed the basis of the new goals of mankind. Thus, the space geovisual is divided into two parts: one for the life of humanity, and the other only to the divine. However, both these zones are functioning according to the laws of the spiritual world.

Model "God is among men" considers God in the image of man, which continues to remain so throughout the history of the development of religion. He manifests himself as a person of their choice, excluding the possibility of moving to another plane of space (as in Christianity). The place of the God-man in this model coincides with the plane of human history in geospace. Vertical structure in this poorly expressed. Here is formed of horizontal vector of regional differences. Religious teachings of this model are characterized by the faith of the followers in absolute infinity of abilities of their spiritual leader. That is why most of them is a totalitarian and destructive nature. Examples include cults Deathly, Blavatsky, etc.

Model "God is nowhere", in which God exists only as a philosophical-mental category. No room for him in the world. This model is a reflection of the "ideal" of atheism, in which God is not even considered as unknown upper force, the information field or the inner voice of a man. At present examples of such religious teachings does not exist, because this would contradict the essence of religion is the belief in the supernatural. However, considering the confessional space through the prism of time, you can meet such philosophical concepts in antiquity and in the New time. With a certain degree of conditionality, an example of this model can be considered as a group of people - nones, believers without a certain religion [11]. God particular religious teachings and the teachings themselves, ceases to be a significant category, shaping the global negation of everything related to the faith. In recent years, this model has become increasingly popular in the world.

Model "Neprosteno" reflects the modern age, where God is in the space of geovisual a certain stratum, which is formed within the system of coordinates of mankind and has certain properties. This may be the information field, cyberspace, the noosphere, etc. Here it is necessary that this field was seen as a hub for higher supernatural power by a certain group of followers (for example, a religious cult) or in any community (for example - a group of scientists). In recent years, this model is of particular importance in connection with development of modern information technologies and formation of virtual spaces.

The considered models are another attempt of systematization of knowledge about the diversity of the elements composing the confessional space at the global level. Presents spatial models are a reflection of the different mental perception of believers.

At the regional level, religious confessional elements of space is structured in taxonomy, the upper level is represented by the types confessional space. They correspond to the General religious doctrines (without division on religion), Islam, Christianity and Eastern Buddhism. The presence of such types confessional space, determined the emergence of the so-called zones "faults" or "collision"in the territory of which, like the theory of S. Huntington, can occur in the most acute conflict and confrontation. What is in this theory is the "strengthening of civilizational identities" in the confessional issue presents a struggle for "religious identity". According to the concept of multidimensional communication space A. Dergachev [1,56] - these zones GEOMAR or abundant in the boundary of the field of Land-related conflicts. The most striking examples of such zones may be the Balkans, Manchjuria, the Caucasus and other

Division of world religions on the branches and direction determined the formation of species confessional space corresponding to the world's major religions (Orthodox, Catholic, Sunni, Shia, and so on) [2,25]. Area the most significant impact of minority religious denominations, by reason of point (not areal) distribution can be allocated in a special category, forming the subspecies confessional space (for example Utah in the United States - area of distribution Mormons).

At the same time within clashes subspecies confessional space formed marginal zone, which already appear not as a "fault", as seen at the species level confessional space and form a special types of territories with a specific set of properties. Marginal area of this level is a complex integrated system formed in a specific geographical location, presence of mental-cultural characteristics, peculiar for its forming confessional (not religious) spheres. For example, the Caucasus is the marginal zone of the global confessional space, being at the crossroads Christian European and Asian Islamic world, and to some extent of Buddhism. The North Caucasus can be attributed to the marginal zone of the regional level species confessional space because it involves the spheres of influence of the Orthodox Sunni and Shiite communities, as well as their numerous derivatives.

We considered approaches to understanding confessional space, can better understand the processes and regularities of its development. Geospatial approach allows for complex approach to the problem of inter-religious and inter-confessional cooperation.

Literature

1. Balagushkin EVGENIY Criticism of nontraditional religions (the origins, nature, effect on young people of the West). M., 1984. P. 56

2. N.A. Voroshilov Religious consciousness and ways of its existence. Krasnoyarsk, 2002. P. 25

3. Dogmatic theology. 2002

4. Culturology: Textbook. for stud. the technology. universities / Coll. auth.; Ed. by N. Baghdasaryan. - 3-e Izd., Corr. and supplementary): the High. SHK., 2001.

5. Osipov A.I Apologetics, lectures MDA 2008-2009, Soyuz" 23.03.2011 [Electronic resource] http://rideo.tv/osipiv_a/

6. Thiele efficiency Concept, purpose and method of the science of religion // Christian reading. 1903. No. 2. P. 261-281. [Electronic resource]: http://spbpda.ru (date of access: 12.12.2011).

7.) D.M. Psychology of religion. M., 1986. 352 P.

8. The Shal'nev VA History, theory and methodology of geography: the manual / V.A. Shal'nev. - Stavropol: Serwizsol, 2013. - 232 P.

9. The Shal'nev VA History, theory and methodology of geographical science. Part 1. The history of geographical ideas: the manual. - Stavropol: Publishing house of Saratov University, 2010. 107 P.

10. Eliade M. Story of faith and religious ideas. 3 so So 2. From Gautama Buddha to the triumph of Christianity. Pens. with FR.), Criterion, 2002. - 512 P.

11. "Nones" on the Rise: One-in-Five Adults Have No Religious Affiliation // PewResearchCenter, OCTOBER 9, 2012 [Electronic resource]: http://www.pewforum.org/files/2012/10/NonesOnTheRise-full.pdf

12. Frobenius L. Das Zeitalter des Sonnengottes. B., 1904. P. 14.

Колпецкая О.Ю., Сесюнина Е.В.
кандидат искусствоведения, профессор, студентка
ФГБОУ ВПО «Красноярская государственная
академия музыки и театра»

ПОСТАНОВКИ «МЮЗИК-ХОЛЛЬНЫХ БАЛЕТОВ» В РУССКОЙ АНТРЕПРИЗЕ С.П. ДЯГИЛЕВА

«Русские сезоны» под руководством С.П. Дягилева вошли в историю европейской культуры как значительное художественное событие первой трети XX века. За долгие годы существования Русский балет стал средоточием сил и идей выдающихся композиторов, художников, хореографов, литераторов, танцовщиков. Большое количество балетов для антрепризы С. Дягилева было создано французскими мастерами. Творческие контакты с представителями европейского искусства обязывали русского импресарио «вслушиваться в голос» мировой моды и гибко менять стилистику произведений. За антрепренером закрепилась слава человека, опережавшего время.

Искусство балетного театра искало новые и неординарные пути в создании художественных произведений, сюжетов, тем, образов, хореографических решений, при этом используя выразительные языковые, стилевые и композиционные возможности смежных искусств. Синтез балета с другими жанрами стал своеобразным открытием времени.

Вокруг балета сосредоточили усилия и поиски многие деятели искусств, которые обновили театральный язык на разных уровнях – жанровом, образном, драматургическом, хореографическом, сценографическом. В связи с этим рассмотрим опыт русских и французских художников, которые значительно обогатили жанр балета новаторскими приемами, но в то же время не отвергали опору на традиции.

Репертуар дягилевской труппы после нашумевшей премьеры «Парада» включал значительное количество «мюзик-холльных балетов» Э. Сати, Д. Мийо, Ж. Орика, Ф. Пуленка, А. Соге.

Мюзик-холл в первой четверти XX столетия – новомодное эстрадно-театральное зрелище, обремененное, тем не менее, грузом традиций. На первый взгляд кажется странным, что XX век, изобилующий апокалиптическими ужасами, всемирными катастрофами, вызвал к жизни это яркое явление. Человек, прошедший суровые испытания, возжаждал именно буйного, красочного представления, напоминающего о празднике и в котором самые разные идеи, включая серьезные и важные, могли быть воплощены столь увлекательно.

Мюзик-холл проник в большинство стран мира. Его распространение стимулировала не только политика заказа, но и стремление самой публики отдохнуть и развлечься, забыть на время о глобальных проблемах. Мюзик-холл должен был компенсировать напряженность реальной действительности. Нельзя отрицать, что это *музыкальное эстрадно-хорео-цирковое зрелище* (термин Ж. Кокто) было интересно не только коммерсантам, но и представителям разных видов искусств.

Конечно, стремление увидеть в мюзик-холле первой трети XX века нечто отстоявшееся, целостное, точное и определенное может привести к искажению подлинной картины досуговой жизни Европы. Тем не менее именно мюзик-холл стал средоточием внимания со стороны представителей разных искусств, вызвав любопытство и недоверие, еще по сути не определив себя до конца, не выяснив, какие, собственно, задания ему подвластны, какой идее он должен служить. «То ли вид, то ли жанр искусства, он с момента своего возникновения давал возможность для разных гипотез и умозаключений, которые рушились под напором создаваемых произведений, новых направлений и тенденций» [4, 254]. Причем труднее всего оказывается найти критерии, позволяющие выявить принадлежность конкретного сочинения к мюзик-холлу, определить общий знаменатель для разнохарактерной практики. Неслучайно Р. Косачева использует в своей статье обобщающий термин «мюзик-холльность» [2].

Мюзик-холл ничем не гнушался, он ориентировался то на оперетту и водевиль, то вбирал в себя элементы, заимствованные из варьете, кабаре, кафе-шантанов и даже цирка. Были случаи, когда мюзик-холл отстаивал благородство своего происхождения, включая в ряды предшественников комическую оперу, драматический театр – словом, жанры, не относимые к разряду «низких».

Все эти метания, порывы, нечаянные прозрения представителей разных видов искусства сегодня кажутся отнюдь не случайными. В начале XX века нужен был эксперимент, благодаря которому сферы творчества, ранее игнорируемые Мастерами, смогли бы поднять престиж и популярность различных сценических жанров. С. Дягилев считал, что настало время для новаторских опытов.

Неудивительно, что многие серьезные композиторы, драматурги, хореографы, артисты обратились к мюзик-холлу, увидев в нем реальную возможность для поисков и открытий. Отдельные стилевые приемы мюзик-холла, художественные средства выразительности проникали в самые различные по своей направленности произведения.

Черты мюзик-холльности сказались, прежде всего, в обращении создателей спектаклей к персонажам типичным для эстрадно-театральных представлений и цирка. Важно отметить, что костюмы и сценическая атрибутика также были заимствованы из мюзик-холла. Например, в балете «Парад» главными героями являются Китайский фокусник, Американская девочка, Акробаты, Менеджеры, Лошадь. Китайский волшебник был одет в костюм с блестками, изготовленный из разноцветных лоскутов с абстрактными узорами. Акробаты выходили на сцену в плотно обтягивающих костюмах, как писал Кокто: «Простаки, проворные, ловкие и бедные <...>, одетые в меланхолические тона воскресного вечернего цирка» [3]. Американская девочка появлялась в модной короткой юбке, на волосах красовался огромный белый бант. Зрители обращали внимание на гольфы и обувь – туфли на невысоком широком каблуке. Всё это было очень далеко от костюмов классического балета.

В балете Ф. Пуленка «Les biches» («Лани») показана экстравагантная светская жизнь людей начала 1920-х годов. Неслучайно, персонажами этого спектакля явились Хозяйка светского салона – эстрадная дива, одетая в длинное кружевное платье со шлейфом, эгрета с перьями на голове, в руке она держит мундштук с сигаретой. Особенно выделялась длинная (почти до колена) нить жемчуга. Белые перчатки, обтягивающий короткий бархатный корсет Девушки-*garconne* напоминал костюм барышень из мюзик-холла. Юноши, подобно цирковым атлетам, появлялись на сцене в спортивных трико. Молодые девушки (женский кордебалет) были одеты в сшитые по последней моде короткие платья, головы украшали шляпки из страусиных перьев. Их внешний облик вызывал ассоциации с танцовщицами знаменитого Мулен Руж.

В балете «Голубой экспресс» Д. Мийо девушки и юноши появлялись перед публикой в вязанных купальных костюмах, которые специально для премьеры разработала знаменитая Коко Шанель. Головы персонажей украшали облегающие шапочки, на ногах танцующих были не пуанты, а резиновые тапочки. Главные герои спектакля появлялись на сцене в халатах, которые затем эффектно снимали.

Популярными номерами в мюзик-холльных представлениях были пародии, которые пользовались неизменным успехом у зрителей. «Контраст двух планов в пародии предполагает направленность одного плана против другого – пародийного плана против пародируемого объекта, что непременно связано с изменением точки зрения на этот объект» [1, 52]. В пародии всегда акцентируется несоответствие содержание и формы, своеобразное «передразнивание», шаржирование. Например, в спектакле «Голубой экспресс» активная, стремительная и динамичная мазурка характеризует главного героя Красавчика, однако на сцене персонаж очень медленно, не спеша, эффектно демонстрирует публике свое накаченное молодое тело. Хореограф спектакля создала образ эгоистичного человека, высокомерного и самодовольного. Таким образом, в балете происходит несоответствие музыкального воплощения героя и его сценического поведения, что позволяет определить характеристику персонажа как гротесково-сатирическую.

Еще один пример пародии – это подражание, своеобразная насмешка. В спектакле «Парад» Ж. Кокто предложил вывести на сцену Лошадь. Это животное изображали два человека. Во время танца голова

Лошади (на длинной морщинистой шее, как у жирафа) вращалась очень высоко и «напоминала своей свирепой неистовостью африканскую маску» (цит. по: [3]).

В музыке «мюзик-холльных балетов» французских композиторов, наряду с мазуркой, тарантеллой, вальсом, широко представлены различные современные танцы (рэгтайм, фокстрот, шимми, танго, канкан), с типичными для них метрическими, фактурными и ритмоинтонационными формулами. Существенное влияние на музыкальный язык современных балетов оказал джаз. Это проявилось в использовании синкопированных ритмов, в обращении к блюзовому ладу, характерной для джаза фактуры и оркестровки с солирующими медными инструментами, в импровизационности.

В хореографии «мюзик-холльных балетов» талантливо сочетались спортивно-акробатические элементы с движениями, заимствованными из модных и популярных танцев, а также классические па. Для балетмейстера-постановщика спектаклей «Лани» и «Голубой экспресс» Б. Нижинской было важно обогатить возможности хореографического языка. При этом она считала классическую школу – основой танцевальной техники. Весь набор традиционных па, представленных в классических балетах, не должен, по мнению хореографа, отвергаться современным искусством: танец – классический и современный, а также пантомима, основанная на различных типах движений, мимики, жестов, обязаны органично сосуществовать в спектакле.

«Мюзик-холльные балеты» французских композиторов – одноактные. Они строятся на чередовании контрастных номеров, весьма различных по фактурным, темповым, жанровым решениям. На движение от драматического повествования к коротким наброскам сюжета и тенденцию к разделению танцевальной ткани спектаклей на «номера» – типичную особенность мюзик-холла и ревю – указывали многие критики, посещавшие спектакли труппы С. Дягилева.

Необходимо также указать на влияние кинематографа в балетах Э. Сати, Ф. Пуленка и Д. Мийо, что проявляется в чередовании коротких эпизодов-кадров, в их быстром, порой весьма резком переходе от одного к другому, вторжении тематических наплывов, приемов вертикального и горизонтального монтажа. Например, в балете «Парад» Американская девочка словно в захватывающем вестерне преследует грабителя с револьвером в руке, боксирует, танцует рэгтайм, терпит кораблекрушение, катается на велосипеде, фотографирует прохожих. Ее движения напоминают походку и жестикуляцию Чарли Чаплина.

Как известно, чередование речевых монологов, вокальных, инструментальных, цирковых номеров – характерный признак эстрадно-театральных представлений. Отметим, включенные в «Les biches» Ф. Пуленка, три вокально-хоровых номера, которые располагаются между оркестровыми и представляют собой своеобразную рассредоточенную сюиту.

Также подразумевались вокальные номера и голос диктора в балете «Парад» Э. Сати - Ж. Кокто. К сожалению, С. Дягилев от этой идеи перед самой премьерой отказался. Однако необходимо напомнить, что в музыке спектакля композитор использовал редкие шумовые тембры, тем самым, шокировав публику.

В балете «Парад» один из персонажей – Менеджер – в начале действия выносил на сцену огромную афишу, на которой было написано название спектакля. Известно, что в мюзик-холле перед некоторыми номерами также появлялись плакаты, на которых были изображены или исполнители, или авторы шлягеров.

Необходимо упомянуть, что многие балетные постановки в труппе С. Дягилева были ориентированы на эпатаж, скандал, как и большинство мюзик-холльных представлений.

Известно, что для мюзик-холла нет запретных сюжетов. Кроме того, практика постановок мюзик-холльных спектаклей, несмотря на упомянутые в программах и афишах имена создателей, демонстрировала своеобразное коллективное авторство, поскольку в равной мере были важны все элементы спектакля. Неслучайно для русского импресарио была так существенна роль единомышленников, с которыми ему предстояло совместно работать.

Литература

1. Бегак, Б. Пародия и ее приемы [Текст] // Русская литературная пародия / Б. Бегак, Н. Кравцов, А. Морозов. – М.: Государственное издательство, 1930. – С. 52-58.
2. Косачева, Р. Г. О музыке зарубежного балета (1917-1939) [Текст]: Опыт исследования. – М.: Музыка, 1984. – 302 с.
3. Пикассо и Русский балет [Электронный ресурс] // PICASSOLIVE. – URL: http://picassolive.ru/blog/3744/pikasso-i-teatr-balet-parad-1917. – (Дата обращения: 15.04. 2013).
4. Шилова, И. Заметки о мюзикле в зарубежном кино [Текст] // Музыкальный современник. – М.: Советский композитор, 1983. – Вып. 4. – 254-272.

Гудков И.Б.
доцент кафедры мастерства актёра
ФГБОУ ВПО «Красноярская государственная
академия музыки и театра»

ДЕЙСТВИЕ - ОСНОВА СЦЕНИЧЕСКОГО ИСКУССТВА

Значимость понимания будущим артистом сущности «действия» велика, что утверждается К.С. Станиславским путем введения в теорию и практику театрального искусства таких понятий, как: "действенный анализ пьесы" (анализ психофизических действий каждого персонажа); "сквозное действие" (логическая цепь, непрерывное действие роли), "сверхзадача" (цель, к которой ведет весь комплекс актерского действия). Рассмотрим более подробно, представленные в трудах К.С.Станиславского, основные понятия базовых сценических действий, теоретическое осмысление и практическое овладение которыми, на наш взгляд, необходимо для развития навыков творческого самовыражения будущего артиста.

Действие драматическое - в сценическом искусстве — важнейшее средство выражения актерского мастерства, воплощения сценического образа, роли, включающее в себя сложный комплекс как физических (пластика, мимика, речь, жестикуляция и т.д.), так и психологических процессов (переживание, восприятие, оценка и т.д.)

Беспредметные действия нужны актеру. Каждое маленькое ничтожное действие должно быть доведено актером до порога подсознания. В каждом маленьком действии можно дойти до такого настроения, которое называется вдохновением. То, что «я сегодня в духе и хорошо играю», - это состояние правильного творческого самочувствия можно получить из ничтожного действия.

Сквозное действие - ...действенное, внутреннее стремление через всю пьесу двигателей психической жизни артисто-роли называемое «сквозным действием артисто-роли»... Не будь сквозного действия, все куски и задачи пьесы, все предлагаемые обстоятельства, общение, приспособления, моменты правды и веры и прочее прозябали бы порознь друг от друга без всякой надежды ожить. Но линия сквозного действия соединяет воедино, пронизывает, точно нить разрозненные бусы, все элементы и направляет их к общей сверхзадаче.

Контрсквозное действие - Всякое действие встречается с противодействием, причем второе вызывает и усиливает первое. Поэтому в каждой пьесе рядом со сквозным действием в обратном направлении проходит встречное, враждебное ему контрсквозное действие. ...противодействие, естественно, вызывает ряд новых действий. Нужно это постоянное столкновение: оно рождает борьбу, ссору, спор, целый ряд соответствующих задач и их разрешение. Оно вызывает активность, действенность, являющиеся основой сценического искусства.

Словесное действие – это один из моментов процесса речи, превращающий простое словоговорение в подлинное продуктивное и целесообразное действие. В жизни всегда говорят то, что нужно, что хочется сказать ради какой-то цели, задачи, необходимости, ради подлинного продуктивного и целесообразного словесного действия.

Физическое действие - в области физических действий мы лучше ориентируемся, мы там находчивее, увереннее, чем в области трудно уловимых и фиксируемых внутренних элементов.

Физиологическое обоснование «метода физических действий» мы находим в трудах П. В. Симонова "Метод К. С. Станиславского и физиология эмоций", подчеркивающее ценность метода как способа косвенного воздействия на чувство, позволяющего вызывать непроизвольные реакции через произвольные действия.

А. В. Гребенкин, в результате проведенного им исследования, отмечает, «…что только при единовременном удержании в сфере творческого внимания определенных безусловных физических движений к обусловленной нуждами персонажа цели в соответствии с идейно художественным замыслом и законами сцены, рождается подлинное, продуктивное, целесообразное сценическое действие”, осуществляя которое, будущий артист может проявлять творческое самовыражение.

Анализ понятий сценических действий, проведенный по материалам трудов К.С. Станиславского - теоретика и практика сценического искусства, а также его коллег, учеников и последователей: Е.Б. Вахтангова, А. Кацман, М. О. Кнебель, Г. В. Кристи и В.Э. Мейерхольда, А. Д. Попова, В. Н. Прокофьева, Л.А. Сулержицкого и многих других, подтверждает необходимость управления процессом их усвоения студентами, поскольку они являются базовыми для развития способности будущего артиста к творческому самовыражению на всех этапах профессиональной подготовки.

В связи с этим, мы рассматриваем становление профессиональных действий будущего артиста, направленных на активную, самостоятельную, эффективную учебно-сценическую и самообразовательную виды деятельности в следующей последовательности:

1. Формируется мотивационная основа действия – потребность в творческом самовыражении. Тем самым закладывается отношение будущего артиста как субъекта учебно-сценической и самообразовательной деятельности к целям и задачам предстоящего действия, к содержанию материала, намеченного для усвоения. Это отношение может в последующем измениться, но роль первоначальной мотивационной основы действия, как в содержании усваиваемого действия, так и в динамике его усвоения очень велика.

- 2. Происходит становление первичной схемы ориентировочной основы действия - То есть формируется система ориентиров и указаний (например, как развивать профессиональную наблюдательность, интерес и любознательность), учет которых необходим для выполнения осваиваемого действия в предлагаемых обстоятельствах. В ходе освоения действия эта схема постоянно проверяется и уточняется.

- 3. Содержание ориентировочной основы действия полностью и психологически полноценно отражается в речи, которая сама начинает выступать в качестве опоры для становящегося действия.

- 4. Основное содержание действия переносится во внутренний, умственный план - Тем самым формируется действие во «внешней речи про себя» и происходит постепенное исчезновение внешней, звуковой стороны речи. Становящееся действие остается внешним лишь в незначительном количестве ключевых ориентировочных и исполнительских моментов, по которым осуществляется контроль (как внешний, так и внутренний, самоконтроль). ОТРЕДАКТИРОВАТЬ

- 5. В сознании остается только конечный результат — предметное содержание действия - Появляется так называемая «скрытая речь», или собственно умственное действие. Благодаря процессам автоматизации действий, и их синхронизации, каждое, из них, прошедшее все преобразования, приобретает вид мгновенного и наиболее эффективного, в данных предлагаемых обстоятельствах.

Овладение будущим артистом - субъектом учебно-сценической и самообразовательной видов деятельности, базовыми сценическими действиями проявляется в его творческой активности (любознательности, наблюдательности, интересе); творческой самостоятельности (инициативности, сосредоточенности, осознанности); творческой самоэффективности (интерпретационности, импровизационности, перевоплощаемости), которые, в свою очередь, являются критериями и признаками творческого самовыражения будущего артиста.

Литература

1. Станиславский К.С. Работа актёра над собой. (Собрание сочинений в 8 томах)

2. Захава Б.Е. Мастерство актёра и режиссёра. М, 2013

3. Кристи Г.В. Воспитание актёра школы Станиславского. М."Искусство",1986.

Прыгун Е.В.
кандидат искусствоведения, профессор Красноярской государственной
академии музыки и театра

ФОРТЕПИАННОЕ ТРИО СИБИРСКОГО КОМПОЗИТОРА ВЛАДИМИРА ПОНОМАРЁВА

Владимир Валентинович Пономарёв – один из наиболее ярких и плодовитых сибирских композиторов, входящих в состав Красноярского отделения Союза композиторов России. К своему пятидесятилетнему юбилею, прошедшему в 2011 году, он был отмечен рядом заслуженных и высоких знаков внимания: Губернаторской премией (1999), званием Лауреата Всероссийского конкурса (2003), грамотой Министра Культуры РФ (2007), орденом Святого Даниила Московского III степени за заслуги перед Отечеством и Церковью (2008).

Перу В.В. Пономарева принадлежат как духовные, так и светские опусы, среди которых хоровые (более 80) и вокальные циклы (более 10); инструментальные сочинения для симфонического и струнного оркестров, а также струнного квартета; пьесы для солирующего фортепиано, органа, камерно-инструментальные сочинения для фортепианного дуэта, инструментов симфонического оркестра (фагота, виолончели, гобоя, флейты, альта) с фортепиано.

Пожалуй, самыми известными произведениями Владимира Пономарёва стали хоры и вокальные ансамбли. В многочисленных (более восьмидесяти) хоровых произведениях он соприкоснулся с поэзией А. Пушкина, М. Лермонтова, С. Есенина, Б. Пастернака, Н. Заболоцкого, Н. Рубцова, а также стихами сибирских поэтов [1].

Сам Владимир Валентинович говорил, что учился в Красноярске у самых талантливых профессионалов города, одним из которых был хормейстер ДМШ №4 Ю.К. Лейбов. Юрию Константиновичу удалось привить юноше большую любовь к хоровому пению, впоследствии проявившуюся в его творчестве.

По словам В. Пономарёва настоящим потрясением для него стало знакомство с древнерусским церковным пением. Вот, что он сказал в интервью газете «Вечерний Красноярск»: «В атеистические времена у нас было очень мало специалистов по древнерусскому церковному пению. Мне посчастливилось учиться в Новосибирске у одного из них - Бориса Александровича Шиндина. Когда услышал на втором курсе на истории музыки, как звучит знаменный распев, испытал настоящий шок! Сама суть в первозданном виде, никаких приукрашиваний…! [4].

Впоследствии Пономарёвым были созданы духовные хоры: «Всенощное бдение» №1 и №2, «Стихи покаянные», «Литургия» №1 и №2. Эти опусы, а также деятельность Владимира Валентиновича в качестве редактора церковно-певческих сборников была отмечена наградами - степенью Лауреата Всероссийского конкурса композиторов - создателей духовной музыки (2003) и орденом «Св. Даниила Московского» от патриарха всея Руси за редакторскую работу (2008).

В Новосибирской государственной консерватории В.В. Пономарёв обучался в классе профессора Аскольда Мурова, по общему признанию создавшего композиторскую школу в Сибири. В его классе Владимир Валентинович получил навыки прекрасного владения оркестром, а также впитал от Мастера углублённый интерес к инструментальному и хоровому письму.

Будучи на четвёртом курсе Владимир Пономарёв задумал написать фортепианное трио. Очень уж его увлекла идея «поспорить» с П.И. Чайковским, не любившим писать для этого состава, поскольку слишком уж разной, по его мнению, была природа входящих в него инструментов. Однако, гениальному автору Трио «Памяти великого художника» удалось преодолеть ударность рояля и «заставить его петь» наряду со струнными инструментами.

Владимир Пономарёв выбрал иной путь – сблизить звучание фортепиано, скрипки и виолончели по способности играть ударно, маркатировано. Эта идея была воплощена им во второй части трио. Со смелостью юношеского максимализма молодой автор усилил своё намерение, расположив музыкальный материал линеарно, связав в клавире четыре нотоносца в единую партию.

Пример1:

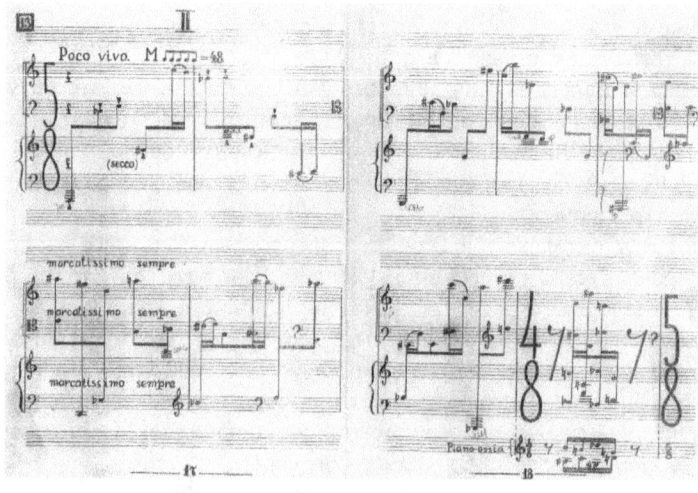

А. Муров, узнав о замысле студента написать трио, напомнил, что традиционно камерно-инструментальные сочинения являются носителями глубокого эмоционально-образного содержания, связанного, как правило, с осмыслением действительности. Но это не остановило, а лишь ещё более подзадорило юного композитора. В результате, в творческом замысле трио нашёл воплощение ряд интересовавших автора задач. Так, основной темой первой части стал мотив столь восхитившего юношу знаменного распева Пример 2:

Он проводится поочерёдно в партии фортепиано, затем струнных, а в кульминационном эпизоде мотив исполняется всем составом ансамбля. Динамика части резко контрастная: p - f - p.

В стремительной и лаконичной второй части автор стремился достичь максимально идентичного воплощения музыкантами таких исполнительских приёмов как marcatissimo и pizzicato (Пример 1). При этом сохраняется принцип контрастной динамики, характерный и для первой части.

Динамичный, всё более и более «ожесточающийся» поток мастерски расположенных между инструментами восьмых и шестнадцатых неукротимо устремляется к генеральной кульминации, которой становится исполняемый tutti «аккорд-взрыв» на границе второй и третьей части.

Пример 3:

В финале «осколки» музыкального материала постепенно собираются в осмысленный мотив, напоминающий отдельные элементы знаменного распева.

Пример 4:

В трио есть важная, на наш взгляд, музыкальная интонация, скрепляющая композицию сочинения – это выдержанные ноты рояля и струнных инструментов. В первой части они представлены натуральными флажолетами, создающими образ иллюзорности, нереальности звукового пространства, в котором тихо и истово рояль проводит мотив древнерусского пения (Пример 2). В кульминационном разделе все инструменты исполняют песнопение, сопровождаемое несущимися в пространстве «колокольными» аккордами рояля.

Пример 5:

Неожиданно динамика изменяется, и тема буквально истаивает в длительно выдержанных тихих флажолетах струнных. Первая часть вызывает образ шествия «божьих избранников», в полном самоотрешении несущих «земной крест».

В третьей части мы вновь слышим выдержанные созвучия струнных, однако, они передают уже совсем иной образ. Это не чистые флажолеты, а крещендируемые малые секунды «соль – ля бемоль». Устой утерян, голоса струнных «блуждают» в поисках тональной и мелодической определённости. Только в code в контроктаве рояля, поддерживаемое басом виолончели появляется устойчивое «ми». На колокольном басу-остинато скрипка пропевает мотив, напоминающий тему церковного хорала первой части (Пример 4).

Трио завершается интонацией секундового «выдоха» струнных, вызывающего чувство неустойчивости, безнадежности (Пример тот же). Таким образом, благодаря выдержанным нотам струнных и рояля, автору удалось «перебросить» арку от первой части к финалу, скрепив тем самым форму сочинения.

Концепция сочинения, на наш взгляд, выглядит следующим образом: от суровой стройности и интонационной чистоты хорала - через бушующий поток всё более ожесточающихся созвучий-диссонансов, завершающихся разрушительным «аккордом-взрывом» - к мучительно медленному возвращению к чистым интонациям знаменного распева. Эмоционально идея трио воспринимается слушателями и исполнителями, как апокалиптическая.

Следует отметить, что автор в каждой части по-разному решает проблему взаимодействия струнных и фортепиано. Если в первой и второй части эти группы не противопоставляются, то в третьей - динамичное и жёсткое звучание рояля контрастирует интонационной нерешительности и «скользящему» legato скрипки и виолончели.

Пример 6:

Трио В.Пономарёва неоднократно исполнялось на кафедре камерного ансамбля и концертмейстерской подготовки Красноярской государственной академии музыки и театра. При изучении этого сочинения, студенты получают редкую возможность познакомиться с творчеством композитора-современника, прикоснуться к миру его идей, а также освоить новые приёмы звукоизвлечения и нотной записи, широко используемые автором (Примеры: 3, 6, 7 а) и 7 б).

Пример 7а):

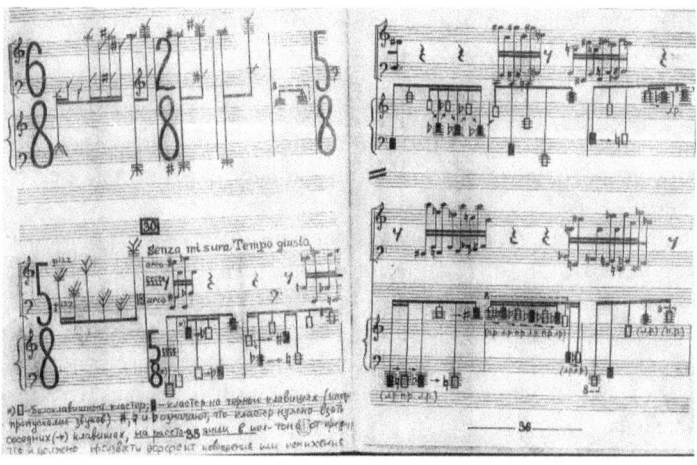

Пример 7б):

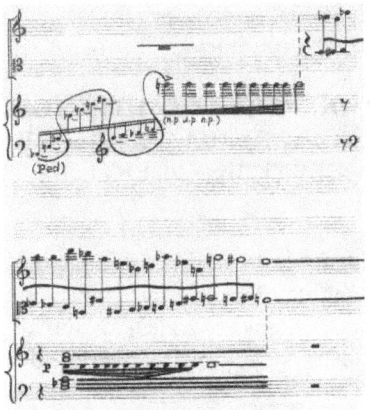

У ряда студентов возникает вполне резонный вопрос о целесообразности обращения к современной литературе, если в мире накоплен огромный запас апробированной временем, прекрасной классической музыки. Думается, что на подобные вопросы неоднократно отвечали музыканты различных времен. Вспомним хотя бы, как яро отстаивала М.В. Юдина право играть музыку её современников – Стравинского, Кшенека, Берга, Хиндемита и других композиторов, ставших в наше время уже классиками XX века. Да, у каждой эпохи есть свой круг образов, свой язык, и исполнители непременно должны его изучать и знакомить с ним слушателя.

В заключении хочется привести высказывание автора, обрисовавшего изначально «трудную» судьбу данного опуса: «Написал на четвертом курсе фортепианное трио и в первой его части использовал модель древнерусского пения. И хотя словами это никак не обозначил, профессора же не глупцы! «Что у тебя тут за молитвы? Переделывай!» Но я наотрез отказался и до сих пор считаю это сочинение удачным».

Литература:

1.   http://www.krasfil.ru/news/artikles/487/
2.   http://tmk.tomsk.ru/index.php?option=com
3.   http://www.gornmovosti.ru/tema/other/3726-iz-gushhi-xorovogo-kipeniya.htm
4.   http://www.vecherka.ru/persona/2941
5.   Современная музыка Сибири. К 50-летию Союза композиторов России. Буклет IX творческого пленума (14-15 октября 2010). Абакан-Минусинск.

Потапова Н.В.
кандидат исторических наук, доцент кафедры российской и
всеобщей истории Сахалинского государственного университета.
napotapova@yandex.ru

ПОМОЩЬ РУССКО-УКРАИНСКИХ ЭМИГРАНТОВ-БАПТИСТОВ ИЗ США И КАНАДЫ РОССИЙСКИМ ЕДИНОВЕРЦАМ В 1916-1922 ГГ. (ПО МАТЕРИАЛАМ ЖУРНАЛА «СЕЯТЕЛЬ» - «СЕЯТЕЛЬ ИСТИНЫ»)

В период Первой мировой войны, революций 1917 г., последовавших за ними Гражданской войны и интервенции Россия, переживавшая углубляющийся военно-политический и социально-экономический кризис, стала объектом пристального внимания зарубежных верующих, рассматривающих её, прежде всего, как поле для миссионерской работы. Особенное внимание ситуации в России уделяли проживавшие в США и Канаде, эмигранты и потомки эмигрантов из Российской империи, которые активно переезжали в США в конце XIX- начале XX вв. в поисках религиозной свободы и материального благополучия [4, 40]. Только в 1910-1920 гг. в США эмигрировали около 160 тыс. переселенцев из России, общее число проживающих в 1920 г. русских достигло по разным подсчётам от 300 (наиболее вероятные данные) до 700 тыс. чел. Выходцы из России составили 3 неравных по численности группы иммигрантов в США: политических, религиозных и экономических (приехавших по экономическим соображениям), последние составили подавляющее большинство – 95%. Социологическое исследование русской эмиграции, проводившееся в США в начале 1920-х гг. выяснило, что «работа протестантских церквей именно среди русских очень мала даже в совокупности», протестантские деноминации русских имели 15 церквей, включали 811 членов [2, 103-105][1].

Усилия русско-украинских евангельских христиан и баптистов, проживавших в США и Канаде в исследуемый период были сконцентрированы на двух направлениях помощи единоверцам в России: помощь голодающим и помощь развитию миссии (прежде всего – религиозной литературой и деньгами). Важное место в этих планах отводилось дальневосточному направлению миссии [30]. Успеху их деятельности в значительной степени способствовали сохранявшиеся контакты с российскими единоверцами, связь с ними осуществлялась, как через Европу на западе, так и через Владивосток на востоке России. Длительный период идеологизации исторической науки, практически полное отсутствие возможности доступа отечественных исследователей к

---

[1] «Сеятель истины» в 1919 г., однако, указывает 24 -27 мест собраний только баптистов, входящих в Союз (Сеятель истины. Март. 1919. №.1. С. 16; Сеятель истины. 1919. №. 3. Август. С. 16.)

источникам по данной теме – конфессиональным архивам и периодике, издававшейся в России и за рубежом, предопределили неизученность данного аспекта религиозной и социальной истории в отечественной исторической науке.

Основным источником для исследования данной темы стали материалы, конфессионального журнала, издававшегося в США (Гартфорд, Коннектикут) с марта 1916 г. под названием «Сеятель» (с июня 1919 г. (№1) – «Сеятель истины»). Это был «ежемесячный духовно-просветительный союзный журнал», цель которого состояла в том, чтобы «сеять всё, что только истинно, что честно, что справедливо, что чисто, что любезно, что достославно, что только добродетель и похвала». Редактором и издателем был председатель Американского Союза русско-украинских евангельских христан-баптистов П.И. Давидюк. На страницах журнала с первого же года его издания неизменно звучала тема помощи единоверцам в России, в связи с той или иной конкретной ситуацией. Так, об отказах русских верующих брать в руки оружие и репрессиях за это рассказывали единоверцы, находившиеся в эмиграции, призывая в 1916 г. «организовать Фонд помощи страдальцам русских евангельских христиан» в США и Канаде. В результате начался сбор пожертвований среди русско-украинских баптистов США и Канаде, осуществлялся он руководством журнала «Сеятель», результаты которого публиковались на страницах журнала, деньги же переводились руководителю Всероссийского союза евангельских христиан И.С. Проханову в Петроград [12; 13; 37; 38].

Важнейшие события политической истории России того периода также освещались и анализировались в журнале с целью понять возможные последствия их для дела укрепления и распространения евангельского вероучения в России. «Сеятель» писал по поводу Февральской революции, высоко оценивая её значение: «Нечто великое происходит на нашей Родине. Из оков и уз сто восемьдесят миллионная Россия освобождается… эта буря военная возникла для того, чтобы смести с лица земли бесплодные смаковницы и расчистить путь для благовестников евангелия Божия» [8]. В июне 1917 г. в письме председателя Канадского союза русско-украинских баптистов к единоверцам в США, содержащем призыв объединиться в один союз, отмечалось, что «от такого объединения великая польза не только нам, рассеянным в Америке, а важнее то, что мы можем сделать в новой России, которая всем нам дорога. …В Нью-Йорке основан Фонд для евангельской работы в России, но то Нью-Йоркский фонд, и у нас в Канаде наверно будет если не один, так два, и в Америке, наверно тоже будет больше, но это всё частное, а нам …необходимо начать систематическую работу в России…» [40]. Рассматривая новые условия, сложившиеся в России после Февральской революции, исключительно с точки зрения благоприятности их для распространения Евангелия, несмотря на все тяготы военного и революционного времени, американские баптисты, выходцы из России, оценивали их исключительно положительно. Несколько позднее американские баптисты русско-украинского происхождения, описывая начавшееся духовное возрождение России отмечали: «Братья проповедники призывают ко всем братьям по России: «Дорожите временем, ибо дни – лукавы. Теперь, когда открылась свобода, надо ею пользоваться. Нужно открывать как можно больше собраний… Наша обязанность всех живущих в Америке поспешить на помощь нашим братьям в России, нужно молиться о них, и нужно поспешить с поддержкой материальной, и собирать добровольные пожертвования в пользу пострадавших за веру, возвращающимся из заточений… и также помочь всем, кто неустанно разносить весть благодати Христовой…» [6].

В декабре 1917 г. идея создания союза русско-украинских баптистов Канады и США реализовалась – «на съезде русско-украинских евангельских христиан-баптистов в Мэксе, Сев. Дакота», было принято решение организовать «Федеративный союз русско-украинских Евангельских Христиан Баптистов, живущих в США и Канаде» [14]. Журнал «Сеятель» был признан съездом журналом Федеративного союза [34]. На этом же съезде был произведён сбор в пользу русских единоверцев, сумма его составила 300 руб. [31, 11]. Вопрос о миссии в России был первым и самым важным на съезде. По сообщению журнала «Сеятель истины» этот вопрос вызвал горячую дискуссию: «Домашние (внутренние – Н.П.) миссии в Канаде и Соед. Штатах по географическим соображениям поделены на Восточные, Западные и Северные Союзы, а наши русские братия, живущие в тех районах, пребывают в совместной работе с местными союзами домашних миссий. Это то обстоятельство и усложнило вопрос каким путём русско-украинский федеративный союз может достигнуть лучших результатов для ведения внешней (иностранной, зарубежной – Н.П.) миссионерской работы и через чьё посредничество». Съезд пришёл к выводу, что необходимо обратиться к иностранным миссионерским обществам баптистов США и Канады с предложением о сотрудничестве – «чтобы они создали из среди себя федеративный комитет с участием представителей федеративного союза Русско-Украинских Баптистов, на обязанности которого было бы ведение дела в России и на Украине. Такой комитет мог бы создать солидарную работу, добывая средства также среди американцев и канадийцев (так в источнике – Н.П.). В случае же общества иностранных миссий не смогут создать такой федерации, но предоставят нам действовать самим, то правление союза должно обратиться к союзу русских баптистов в России и предложить ему свою помощь» [31, 11-12]. Примечательно, что на съезде было решено, что принимать участие в Союзе могут как баптисты, так и меннониты и евангельские христиане, главное – чтобы усилия были направлены на достижение одной цели – организацию правильной евангельской работы в

России [31, 12]. Постепенно организуются союзы русско-украинских баптистов северных штатов – 1918 г., восточных штатов – 1919 г. (руководителем последнего был избран редактор журнала «Сеятель» - «Сеятель истины» П.И. Давидюк) [7]. Активное участие в деятельности последнего и в публикациях на страницах «Сеятеля истины» принимал приехавший в начале 1918 г. из Советской России в США видный деятель российского баптизма, наставник Петроградской общины баптистов, соратник одного из руководителей русского баптизма В.А. Фетлера, И.В. Непраш.

В.А. Фетлер, в предвоенный период, высланный в годы Первой мировой войны из России, в этот период в США развил бурную активность в направлении евангелизации России. Одной из ярких страниц деятельности В.А. Фетлера была созванная по его инициативе в Чикаго 24-28 июня 1918 г. 1-я Общая конференция по евангелизации России. Целью межконфессиональной и интернациональной конференции, собравшей более сотни лидеров евангельского движения, было показать миссионерские нужды России евангельскому сообществу. Организаторы конференции надеялись пробудить интерес христиан США и Канады к России, так, чтобы «заинтересованные в евангелизации России вскоре бы исчислялись тысячами тысяч и миллионами повсюду…» [3, 13].

В последующие годы вопрос о помощи России продолжает обсуждаться на регулярных съездах русско-украинских баптистов в США. Так, на Втором съезде русских и украинских евангельских христиан баптистов Восточных штатов Америки, проходившем с 6 по 9 мая 1920 г. при обсуждении вопроса о положении братства и миссии в России, И.В. Непраш посоветовал иметь в союзной кассе запас для нужд России и Украины «чтобы когда дверь туда откроется, мы могли дать посильную помощь для наших братьев». Съезд единогласно решил собирать средства для этой цели. Было решено, что каждый делегат разъяснит своей общине, что их пожертвования будут расходоваться для распространения Евангелия в России. Кроме того, решено было помочь и русским военнопленным в Германии всем возможным и необходимым. Все заботы о сборе пожертвований съезд поручил правлению Союза. Был передан сердечный привет от съезда Всероссийскому союзу и Сибирскому отделу Союза баптистов. Библии и Новые Заветы для России Союз закупал у Американского Библейского Союза [33, 13]. Размеры пожертвований от частных лиц на протяжении 1921-22 гг. составляли в среднем по 5-10 долл. [19; 20; 28]. Отдельно в кассу Союза собирались взносы от общин и частных лиц на помощь голодающим и отдельно – на евангелизацию.

Активную деятельность по сбору средств голодающим вёл И.В. Непраш, он предложил в декабре 1921 г. провести единый день сбора пожертвований для голодающей России по всем общинам, с цель собрать 10 000 долл., которые помогут удовлетворить первоначальную потребность голодающих верующих в пропитании. Помощь должна была высылаться «надёжным способом» - через ARA [16]. Общий день сбора пожертвований был назначен на 29 января 1922 г. Сбор средств шёл через П. Барткова – союзного кассира [9]. В феврале 1922 г. «Сеятель истины» сообщал о сборе пожертвований голодающим, общая сумма которых составила – 3 681 долл. 69 цен. Эта сумма состояла из пожертвований от частных лиц – размером от 1 до 25 долл., от общин – 28 до 470 долл. [20, 14]. В марте 1922 г. из запланированных И.В. Непрашем 10 000 долл. было собрано и отправлено в Россию 5 080 долл. Руководство Союза русско-украинских баптистов призвало для сбора оставшейся сумм организовать общий сбор на Пасху [27; 39]. Пожертвования за февраль и март 1922 г. составили ещё 1 127 дол. 98 цен. [27]. В апреле – мае сообщалось о собранных 1 636 дол. 84 цен. [25].

В начале 1921 г. Союз русско-украинских баптистов пожертвовал единоверцам в России Библий на 100 долл. И. Шилов, руководитель Петроградской общины баптистов, писал П.И. Давидюку: «…В Библиях, новых Заветах и Духовных песнях весьма великая нужда… нужны несколько миллионов экземпляров... Я считаю, что русские проповедники, находящиеся за границей, делают большое преступление, что не едут в Россию для проповедывания Евангелия… Именно настоящее время благоприятно работать в России, хотя враг истины Божией противодействует» [21].

Зарубежные баптисты снабжали литературой не только баптистов находящихся в России, но и верующих военнопленных, возвращающихся в Россию из Германии. Катастрофическое финансовое положение последней в начале 1920-х гг. также вынуждало просить германскую миссию «Свет на Востоке» о помощи единоверцев. Так в 1920 г. шведские баптисты подарили русским военнопленным в Германии 3 000 Библий и 15 000 Новых Заветов. По просьбе руководителя миссии «Свет на Востоке» В.Л. Жака, в 1920 г. американские и канадские верующие отправляли в Германию для русских военнопленных сборники духовных песен, в качестве подарков к Рождеству [23; 36]. В последующем отправка религиозной литературы в Германию для русских военнопленных продолжалась [11; 22; 24]. Средства из США для посылки Библий в Россию также шли в Германию, в миссию «Свет на Востоке» (средства присылал И. Непраш – в 1921 г. – 250 дол. и 165 дол.), о чём просил и сообщал один из её руководителей в письме П.И. Давидюку – В.Л. Жак, отправивший к этому времени в Петроград 22 ящика с литературой [10].

Сбор средств для голодающих проходил как в самом Союзе русских и украинских баптистов США, переводы принимались союзным кассиром П. Бартковым, так и путём посылок через гуманитарную правительственную организацию «Американская администрация помощи» («American Relief Administration», ARA). В связи с тем, что посылать пищевые посылки было дорого, и они могли не дойти, ARA была создана система складов с продовольствием. Желающие послать продукты знакомым в Россию могли просто отправить банковские переводы под названием «Mr. Hoovers Food Draft» [5]. В 1921 г. И. Непраш предполагал сам поехать в Россию по линии ARA, чтобы раздавать там вещи и помощь, но, этот план не удалось реализовать, по этому поводу И. Непраш сообщал: «Оказалось, что по договору с советским правительством никто из русских подданных на службу ARA принятым быть не может. Пришлось остаться здесь» [17, 15].

Журнал «Сеятель истины» на протяжении 1920-1922 гг. публиковал информацию о сборе пожертвований для голодающих в России, от имени Союза выступал с горячими призывами помочь русским братьям Б. Букин, имевший тесные связи с дальневосточным евангельско-христианским сообществом, что отразилось в публикациях журнала «Благовестник», издававшегося в 1920-1922 гг. младшим братом В.А. Фетлера Р.А. Фетлером, руководившим Владивостокской общиной баптистов: «Тяжёлые испытания постигли нашу милую родину, а с ними и испытание нашей любви к страдающему народу в ней. Мы должны знать, что не все могут помогать бедным в России. Причина не в том, что не у всех есть средства, а в том, что не у всех есть вера в истину…» [20, 14].

На четвёртом съезде русских и украинских евангельских христиан баптистов США состоявшемся в мае 1922 г. в городе Гартфорд, сообщалось, что за истекший год в Россию для голодающих было выслано 5 080 дол., на Библии в Россию и Польшу – 381 дол 67 центов; в Сибирь через Я.Я. Винса – 204 дол. Осталось в кассе – для голодающих – 1 825 дол. 09 центов. [32, 12-13]. На этом съезде, между прочим, вновь подчёркивалось, что «Союз организован законным образом – самими русскими и украинскими общинами Евангельских Христиан Баптистов для общего и более успешного распространения Евангелия среди русского и украинского народов в Америке, и также чтобы общими силами помогать распространению Евангелия в России и Украине. Все желающие помочь делу Божию в России и на Украине могут использовать наш союз, как надёжное общество, через которое помощь может достичь своего назначения, и может быть именно употреблена на дело Божие» [32, 14]. В сентябре 1922 г. в кассе Союза для голодающих было 893 дол. 97 центов. [29, 8]. За сентябрь и октябрь поступило ещё 675 дол 64 цента [26, 14]. В декабре-январе 1922-23 гг. – 1 141 дол. 19 центов для голодающих [35, 15]. В последующем поступления для голодающих в союзную кассу продолжались.

Верующие-американцы в этот период также предпринимали сбор средств для голодающей России. И. Непраш сообщал в «Сеятеле истины», что в начале 1922 г. «Южный Союз Баптистов Америки сделал большое воззвание по своим церквам о сборе вещей для страдающего братства в

России и на Украине. Для раздачи он послал туда деятельного брата д-ра Гилла. Он уже несколько недель в Москве, ездил по России, и вот что он пишет в последнем письме: «…На второй день по приезде в Москву я имел совещание с братьями старцем Павловыми, его сыном Павлом, председателем Всероссийского Союза Баптистов. По их совету было решено раздавать одежду и другие вещи не из одного центра, а из многих, чтобы нигде не было огорчения… В каждой общине намереваемся устроить местный комитет раздачи помощи из проповедника и нескольких опытных братьев общины. Когда бр. Портер приедет из Америки, он будет смотреть за распределением…» [15, 10-11]. Отрывочная информация об этом сохранилась и в издании евангельских христиан «Утренняя звезда». Так, в январе 1921 г. «Утренняя звезда» сообщала: «…Мы написали заграничным братьям, и они помогли нам присылкой продуктов, одежды и обуви. С разрешения правительства некоторая помощь уже доставлена через Американскую администрацию помощи, в которую поступил известный фонд и запас одежды от представителя Южно-Американского Союза Баптистов, предназначенные как для баптистов, так и для евангельских христиан. Высший совет принимает меры к тому, чтобы помощь от заграничных братьев оказалась существенной и достигла всех действительно страждущих детей Божьих» [18]. Имеется информация и о том, что помощь голодающим оказывал и Северный союз баптистов США [15, 11].

Благодаря активной деятельности И. Непраша, после года переписки оба баптистских союза Америки – Южный и Северный в начале 1922 г. решили выделить 40 000 долларов на публикацию русских Библий. В марте 1922 г. И. Непраш сообщал: «Книги переплетаются и скоро будут» [15, 11]. О масштабах оказываемой помощи литературой можно судить по информации И. Непраша: «Из Англии д-р Рошбрук написал недавно, что они там уже собрали 50 000 Библий и нов. Заветов и отсылают в Москву и скоро надеются послать столько же. …В Европе заказано 60 000 русских Библий и 40 000 Нов. Заветов и так как там деньги гораздо дешевле и труд и бумага стоят меньше, то Библия обойдётся 18 центов в переплете, а Нов. Завет только 6 центов» [17, 15]. Единоверцы из США отправляли в Россию не только деньги, литературу, продукты, но и посылки с вещами [15, 11].

В этот период, кроме помощи, идущей непосредственно на борьбу с голодом, в международном баптистском сообществе осуществлялись и проекты помощи пострадавшим от Первой мировой войны районам, беженцам, в том числе – из России, об этом сообщал на Лондонской европейской 1920 г. конференции Всемирного Союза баптистов Рашбрук, который в то время был Комиссаром по Европе [1, 70].

В целом, на протяжении всего исследуемого периода гуманитарная помощь, оказываемая американскими верующими русско-украинского происхождения российским баптистам и евангельским христианам полностью вписывалась в курс на широкомасштабную евангелизацию

России, как альтернативу большевистско-атеистическим преобразованиям, заданный на Всеобщей конференции по евангелизации России, созванной В.А. Фетлером в июне 1918 г. в Чикаго. Конфессиональная пресса русских эмигрантов, проживавших в США является уникальным историческим источником, позволяющим реконструировать этот аспект религиозной и социальной истории XX века.

Список источников и литературы:

1. Carlson G.W. Russian Protestants and American Evangelicals since the death of Stalin: Patterns of interaction and Response. Univ. of Minnesota, Ph. D. 1986.
2. Davis J. The Russian Immigrant. NY: The MacMillan Comp., 1922.
3. Good news for Russia: A Series of Addresses Delivered at the First General Conference for the Evangelization of Russia, at the Moody Tabernacle, Chicago, June 24th to 28th, 1918 / Ed. by Jesse W. Brooks. Chicago: The Bible Institute Colportage Association, 1918.
4. Kmeta I.A. With Christ in America. A Story of the Russian-Ukrainian Baptists. Winnipeg, Manitoba, Canada: The Christian Press Ltd., 1948.
5. Бокмельдер И.Я. О помощи голодающим в России // Сеятель истины. 1922. Январь. №1. С. 10.
6. Давидюк И. Новости из России // Сеятель. 1917. Август. № 6. С. 5-6.
7. Давидюк П.И. Краткое описание о 1-м съезде русских и украинских евангельских христиан-баптистов, состоявшемся с 3-6 апреля 1919 г. в г. Филадельфии // Сеятель истины. 1919. Июнь. №1. С. 10-11.
8. Давидюк П.И. Новости из России // Сеятель. 1917. Март. №1. С. 9-10.
9. Доводим до сведения // Сеятель истины. 1921. Декабрь. №12. С. 11.
10. Жак В. Из Германии // Сеятель истины. 1922. Январь. №1. С. 13-14.
11. Жак В. Письмо из Германии // Сеятель истины. 1921. Апрель. №4. С. 14-15.
12. Загинайло Г.К. Европейская война и евангельские христиане-баптисты // Сеятель. 1916. Ноябрь. № 9. С. 7-9.
13. Колесников П.И. Новости нивы Божией // Сеятель. 1917. Февраль. №12. С. 114.
14. Краткое описание о состоявшемся съезде русско-украинских евангельских христиан баптистов в Мэксе, Северной Дакоты, с 26-28 декабря 1917 г. // Сеятель. 1918. Январь. № 11. С. 11.
15. Непраш И. Письма и просьбы из России и Украины // Сеятель истины. 1922. Март. №3. С.10-11.
16. Непраш И. Спасите голодающих братьев // Сеятель истины. 1921. Декабрь. №12. С. 10-11.
17. Непраш И. Четвёртому съезду Русских и Украинских Еванг. Христ. – Баптистов в Гартфорде, Конн. // Сеятель истины. 1922. Июнь. №6. С. 15.

18. О помощи заграничных братьев // Утренняя звезда. 1922. Январь-Февраль. №1-2. С. 8.

19. Отчёт пожертвований // Сеятель истины. 1921. Ноябрь. №11. С. 12.

20. Отчёт пожертвований, поступивших в союзную кассу для голодающих России // Сеятель истины. 1922. Февраль. №2. С.14-15.

21. Петроград // Сеятель истины. 1921. Июнь. №6. С. 9-10.

22. Письма из Германии // Сеятель истины. 1921. Март. №3. С. 11-12.

23. Письмо из Германии // Сеятель истины. 1920. Октябрь. №5. С. 9.

24. Письмо от военнопленных в Германии // Сеятель истины. 1921. Январь. №1. С. 12-13.

25. Пожертвования для голодающих в России // Сеятель истины. 1922. Апрель и май. №4-5. С. 9.

26. Пожертвования за сентябрь и октябрь месяц, поступившие в союзную кассу от общин и отдельных лиц // Сеятель истины. 1922. Ноябрь. №. 11. С. 14.

27. Пожертвования за февр. и март 1922 г. // Сеятель истины. 1922. Март. №3. С. 15.

28. Пожертвования на евангелизацию России и Украины // Сеятель истины. 1921. Март. №3. С. 15.

29. Пожертвования, поступившие в союзную кассу от общин и отдельных лиц // Сеятель истины. 1922. Сентябрь. №9. С. 8.

30. Потапова Н. В. Евангельское христианство и баптизм в России в 1917-1922 гг. (на материалах Дальнего Востока) : монография : в 2 т. Южно-Сахалинск, 2014.

31. Протокол 1-го Федеративного съезда русско-украинских баптистов США и Канады, состоявшегося в г. Мэкс, Н.Д. от 27 –го по 29 –го декабря 1917 г. // Сеятель. 1918. Февраль. №12. С. 11-12.

32. Протокол 4-го годового Съезда Русск. и Украин. Еванг. Христ. Баптистов, состоявшегося с 4-6 мая 1922 г. в гор. Гартфорде, Конн. // Сеятель истины. 1922. Июнь. №6. С. 12-14.

33. Протокол Второго съезда Русских и Украинских Евангельских христиан Баптистов, Восточных штатов Америки. С 6-9 мая 1920 г., в Вотербурий, Конн. // Сеятель истины. 1920. Август. № 3. С. 13.

34. Редакция «Сеятель» // Сеятель. 1918. Февраль. №12. С. 2-3

35. Рождественский отчёт поступивших пожертвований в союзную кассу // Сеятель истины. 1923. Январь. №1. С. 15.

36. Три письма // Сеятель истины. 1920. Октябрь. №5. С. 17.

37. Фонд помощи // Сеятель. 1917. Август-сентябрь. № 7-8. С. 8.

38. Фонд помощи нуждающимся в России и других местах // Сеятель. 1917. Август. №. 6. С. 6.

39. Что сделано голодающим // Сеятель истины. 1922. Март. №3. С.15.

40. Шакотко И. Письмо // Сеятель. 1917. Июнь. № 4. С. 8-9.

Мезит Л.Э.

к.и.н., доцент кафедры отечественной истории ФБГОУ ВПО
КГПУ им. В.П.Астафьева

СОСТОЯНИЕ ДОМОВ ИНВАЛИДОВ В КРАСНОЯРСКОМ КРАЕ В ГОДЫ ВЕЛИКОЙ ОТЕЧЕСТВЕННОЙ ВОЙНЫ

Проблемы социальной политики периода Великой отечественной войны в новейшей региональной историографии получили освещение в работах Шалака А.В, Деминой Е.В., Константиновой М.В., Погребняка А.И. [1]. Данная статья посвящена работе домов инвалидов на территории Красноярского края в годы Великой Отечественной войны.

Все имевшиеся в крае дома, делились на следующие категории: инвалидные дома повышенного типа (предназначены для персональных инвалидов труда и участников Великой Отечественной войны), инвалидные дома обычного типа и дома инвалидов для детей. Численность инвалидных домов на территории края в годы войны составляла 18 единиц, из них: дома инвалидов Великой Отечественной войны - 11, из них повышенного типа один, дома для прочих инвалидов- 6, и дома инвалидов для детей- 1.В г.Красноярске располагалось два дома инвалидов войны. По состоянию на 1 сентября 1941 года, в домах инвалидов проживало 1276 человек. В 1943 году проживало 1380 человек [2,20].

Материальное состояние домов было крайне неудовлетворительным. В первом полугодии 1941 года было выделено домам инвалидов для изготовления постельного белья мануфактур на 15 тыс. рублей, но этого оказалось не достаточно, т.к. инвалиды не имели даже двух полных смен белья, а верхняя одежда полностью отсутствовала [4,23]. Имелись жалобы на недостаточное и однообразное питание. В рационе отсутствовали жиры, редко имелось мясо, не было круп. В основном преобладала капуста и зеленые помидоры [3,59].

Из-за недопоставок продовольственных фондов крайпотребсоюзом, дома инвалидов в крае неудовлетворительно снабжались продуктами, что отражалось на дневном рационе инвалидов. Так в 1941 г. стоимость дневного рациона инвалида составляла 3 руб. 37 коп, в 1942г. – 4 руб.44 коп, а фактически было 2 руб. 96 коп. [3,61]. Для улучшения рациона питания инвалидов при всех домах инвалидов были созданы подсобные хозяйства. На 1 января 1941 года в домах инвалидов, насчитывалось 871 голов скота, то на 1 июля 1942 года, имелось уже 1169 голов, таким образом, прирост скота составил 34%. В т.ч. количество свиноматок увеличилось на 8,7 %. Посевная компания проводилась с выполнением плана на 94,3%. Сенокосными угодьями дома инвалидов обеспечены на 72 %. Однако состояние скотных дворов было неудовлетворительное (отсутствовали теплые помещения), не везде скот в полном объеме был обеспечен кормами, что приводило к падежу животных. Поэтому подсобные хозяйства не в полном объеме могли восполнить дефицит продовольственного снабжения из централизованных фондов [3,59].

Важным аспектом деятельности домов инвалидов был досуг их обитателей. В каждом доме инвалидов имелся массовик, и в помощь ему организована культурно – бытовая комиссия в 5- 9 человек, из числа инвалидов. С инвалидами проводились: читка газет и журналов, беседы, доклады, вечера самодеятельности, просмотр кинокартин. Во всех домах имелись красные уголки, радиоустановки, библиотеки, игры, выписывались газеты и журналы, а в Рыбинском доме инвалидов имелся собственный клуб. Но как показывала практика, в большинстве домов не существовало даже библиотек, а цифры отчетов о проведенных беседах, лекциях и вечерах самодеятельности, весьма завышенные. Например, инвалид Муханов обратился в газету «Правда» с просьбой выслать старые газеты, журналы или книги, в связи с отсутствием библиотеки. – "Потому образованных людей очень много, но они вынуждены скучать ..нет книг и бумаги для письма.. а средств для покупки тоже нет.. А те у кого имеются сбережения, играют в лото на деньги, и это является единственным развлечением. А пожаловаться и просить не у кого. Кормят нас очень плохо, например, в 8 утра дают фруктовый чай или кофе без молока и сахара, и кусок хлеба грамм 100. На обед, дают лук, вареный картофель, кусочек мяса, квас и хлеб 150гр. Очень часто задерживают с завтраком до самого обеда. На ужин, картофель мелкий в мундире, хлеб, а иногда варят щи или похлебку[4,60].

Трудноразрешимой для инвалидов было состояние медицинского обслуживания. Во многих домах не было специального медицинского кабинета и врачей. Весь медицинский персонал сводился к медицинской сестре, санитарке и нянечке, врачи, как правило, были приходящими. Таким образом, инвалиды не получали достойной медицинской помощи, способствовавшей улучшению не только физического, но и их морального состояния.

Положение домов инвалидов было весь исследуемый период крайне бедственным, т.к. сказывались трудности со снабжением, порожденные войной, а также слабая материальная база домов, возникших в межвоенный период. Характеризуя социальную политику страны в отношении домов инвалидов мы можем констатировать, что партийно-советские органы уделяли их деятельности внимание, заботу, т.к. контингент значительно вырос, но из-за недостатка средств, подготовленных кадров, многие проблемы не получили своевременного и полного решения.

Литература

1. Погребняк А.И. Проблемы снабжения и торговли в Сибири (194101945гг.)//Сибиряки-красноярцы в Великой Отечественной войне.-Красноярск, 2000; Шалак А.В. Условия жизни населения Восточной Сибири (1941-1954гг.) -Иркутск, 2000;Демина Е.В., Константинова М.В. Материальное положение рабочих оборонной промышленности Красноярска в годы Великой Отечественной войны//Великая Отечественная война:е60 лет Победы.-Красноярск, 2005.

2. Государственный архив Красноярского края (ГАКК) Ф.Р1430,Оп.1,Д,254.

3. ГАКК Ф.Р1430,Оп.1,Д.304.

4. ГАККФ.Р 1430,Оп.1, Д.492.

Нелепина Е.А.
к.п.н., доцент кафедры СКСТ ФГБОУ ВПО Курский
государственный университет
Антимонов К.Э.
старший преподаватель кафедры СКСТ ФГБОУ ВПО Курский
государственный университет
Саницкий А.В.
старший преподаватель кафедры СКСТ ФГБОУ ВПО Курский
государственный университет
Саницкая Г.А.
учитель географии МБОУ СОШ №28 г.Курска

ИСПОЛЬЗОВАНИЕ КУЛЬТУРНО-ИСТОРИЧЕСКИХ ОСОБЕННОСТЕЙ КУРСКОЙ ОБЛАСТИ НА НОВОМ ТУРИСТСКО-ЭКСКУРСИОННОМ МАРШРУТЕ

Первичный анализ современных социологических опросов, включая аргументированные статистические данные, показывает растущую динамику туристско-рекреационных потребностей граждан Российской Федерации в начале третьего тысячелетия, как внутри страны, так и за её пределами.

На наш взгляд, формирование и реализация многочисленных задач туристских маршрутов (познавательных, рекреационных, бальнеологических, религиозных, экологических и др.) невозможны без разработанных экскурсионных программ [1]. Для молодого поколения, выросшего в новой России, побудительными мотивациями к осуществлению походов, маршрутов и поездок могут стать следующие источники информации: Internet, телевизионные передачи, различные энциклопедии и справочники, специальные, тематические иллюстрированные журналы. Конечно, виртуальный процесс познания действительности, как подготовительная и дополняющая фаза туристского маршрута, необходим, но он не заменит экскурсию - целенаправленную, заранее запрограммированную, наглядную форму познания реального, окружающего нас мира и наиболее эффективный способ усвоения информации [2, 63].

Кроме того она выполняет важнейшие функции воспитательного процесса (педагогические, этические, эстетические, экологические и др.), функции физической нагрузки и психологической разгрузки [2, 65]. Умело разработанная экскурсия на туристском маршруте помогает решать проблемы коммуникабельности, толерантности, патриотизма и т.д. Со времен СССР у экскурсионных бюро и отделах при турфирмах и турагентствах сохранилась, не теряющая своей актуальности, классическая тематика, апробированные транспортно-пешеходные маршруты, технологические и методические аспекты проведения экскурсий. Но самым бесценным кладом являются опытные экскурсоводы-профессионалы, готовые поделиться с молодежью своим богатым многолетним опытом.

Появившиеся в последнее время новые экскурсионные маршруты в свою очередь предлагают различные направления и тематики, опирающиеся на инновационные представления объектов показа и событийный анализ туристских проявлений.

Каждому туристскому региону России соответствуют свои объективные и субъективные моменты показа и рассказа о достопримечательностях и событиях родного края, района, своей местности. В предлагаемой статье мы делаем попытку представления культурно-исторических особенностей Курской области на новом (разработанном авторами) туристско-экскурсионном маршруте.

Курский край ежегодно принимает потоки туристов из различных регионов России и государств Ближнего и Дальнего Зарубежья, приезжающих с различными целями: научными, экологическими, учебными, спортивными, религиозными, военно-патриотическими. У многочисленных туристов и экскурсантов давно сформировалось устойчивое мнение: если Орловская область – это «литературная провинция», то Курская область – «музыкальная провинция» Стало ежегодной традицией проведение на базе нашего региона многочисленных фестивалей, некоторые из них получившие статус международных: международный конкурс инструменталистов и вокалистов памяти Г.В. Свиридова; музыкально-театральное представление памяти знаменитой певицы Н.В. Плевицкой; фестиваль «Джазовая провинция»; фестивальный конкурс авторской песни «Соловьиная трель». Символично, что все эти конкурсы проводятся в нашем «поющем» Соловьином крае!

Для участников и многочисленных гостей этих мероприятий предусмотрена культурно-экскурсионная программа, учитывающая весь пёстрый спектр запросов. Конечно, на наш взгляд, невозможно в полном объёме удовлетворить все интересы туристов, но, предлагаемый нами туристско-экскурсионный маршрут на тему: «Люди, воспевшие Россию и Курский край» - оптимальный вариант выполнения историко-культурных запросов потребителей. Основными экскурсионными объектами предлагаемого маршрута являются: г.Фатеж - родина Г.В. Свиридова; деревня Воробьёвка Золотухинского района, где жил в своей усадьбе знаменитый поэт А.А. Фет; село Винниково Курского района - родина Н.В. Плевицкой.

Начало маршрута - Красная Площадь г. Курска. По пути следования –остановка у памятника Г.В.Свиридову на главной улице города, где экскурсантам предлагается прослушивание некоторых музыкальных произведений знаменитого композитора. Затем автобус следует по трассе

Симферополь - Москва в северном направлении к самому маленькому городу на территории Курской области - Фатежу. Основными объектами показа и рассказа на пути следования являются: - государственный драматический театр им. Пушкина, музыкальный колледж им. ГВ. Свиридова, здание областной филармонии, мемориал «Павших в годы Великой Отечественной войны» и мемориал «Курская Дуга». Экскурсовод, используя методические приемы рассказа и показа, представляет не только федеральную трассу, трассу Олимпийского Огня, фронтовую дорогу, но и аттрактивные природные ландшафты Курской области, вдохновивших на гениальное творчество наших, выше перечисленных земляков.

Подъезжая к малой родине Г.В. Свиридова, используется логический переход в виде стихотворных строк одного из авторов (здесь и далее – Саницкого А.В.):

В блестках иней – пушинок кортеж –
Над Усожей кружит каруселью,
Словно вздумал сегодня Фатеж
Нас Свиридовской встретить «Метелью»!

Звучит это выдающееся произведение нашего земляка, под музыку которого группа экскурсантов подъезжает к красивому зданию - дому-музею Г.В.Свиридова.

Следующий отрезок пути проходит по старой верстовой дороге, по которой везли товары на знаменитую (одну из крупнейших в России) Коренную ярмарку, рожденную у стен монастыря «Коренная пустынь». Подъезжая к поселку Свобода, где издали угадываются величественные храмы Коренной, экскурсовод зачитывает следующие строки:

Коренную далеко видать:
Купол краской горит золотою;
А на Тускарь все льет Благодать
И на всех, кто с Иконой Святою!

Всего в пятнадцати километрах от поселка находится дом-усадьба выдающегося поэта-лирика А.А. Фета. Звучат строки:

Краше нету природы своей,
Вы сегодня заполните это,
Потому что приходит с полей
Знаменитая лирика Фета!

Каждое лето здесь проходит музыкально-театрализованное представление «Фетовские чтения», где зрители в артистах узнают хозяина усадьбы и его знаменитых гостей: Л.Н. Толстого, И.С.Тургенева, П.И. Чайковского и др. Культурно-поэтическая программа и красоты окружающей природы на экскурсантов производит неизгладимый положительно-эмоциональный эффект.

Заключительный отрезок экскурсионного маршрута под аккомпанемент песен в исполнении Н.В.Плевицкой проходит по Курскому району в окрестностях села Винниково – малой Родины этой выдающейся певицы, чьим талантов восхищалась Российская Империя. Перед посещением дома-музея певицы экскурсовод читает строки:

И пускай пролетают года,
Не забудем ее, как и прежде
Будем помнить, конечно, всегда
О певице Плевицкой Надежде!

После посещения музея экскурсантов приглашают на чай с блинами (имеется специально оборудованный зал) под мелодичные романсы, которые когда-то исполняла наша знаменитая землячка.

Предлагаемый нами новый экскурсионный маршрут – лишь небольшая толика того, что можно подготовить и осуществить с использованием культурно-исторической тематики Курской области. К сожалению, турфирмы и турагентства Курска очень редко предлагают такие эксклюзивные маршруты, которые производят на экскурсантов неизгладимые впечатления.

Литература

1. ГОСТ Р 50 690 – 2000. Туристские услуги. Общие требования. Классификация туров.
2. Дьякова Р. А., Емельянов Б. В., Пасечный Г.С. Основы экскурсоведения. – М.: Просвещение. – 1985. С. 63, 65

Клюшникова М.О., Клюшникова О.Н., Большедворская Н.Е.
1) К.м.н., ассистент кафедры терапевтической стоматологии
2) К.м.н., ассистент кафедры стоматологии детского возраста
3) К.м.н., ассистент кафедры терапевтической стоматологии
Иркутский государственный медицинский университет

АНТИМИКРОБНОЕ ЛЕЧЕНИЕ ХРОНИЧЕСКОГО ГЕНЕРАЛИЗОВАННОГО ПАРОДОНТИТА

В настоящее время заболевания пародонта воспалительного характера отличаются высокой распространенностью. Именно поэтому наибольший практический интерес вызывают лекарственные средства, применяемые при лечении этой группы заболеваний. Основная цель терапии состоит в ликвидации воспалительного процесса, а, следовательно, в первую очередь необходимо удалить причину, вызвавшую этот воспалительный процесс. Как известно, основным этиологическим фактором воспалительных заболеваний пародонта являются микроорганизмы зубного налёта. Длительное время воспалительные заболевания пародонта (ВЗП) рассматривались как следствие неспецифического инфицирования микроорганизмами зубной бляшки. Благодаря развитию микробиологических и применению молекулярно-генетических методов исследования, были обнаружены так называемые пародонтопатогенные микроорганизмы: *Actinobacillus actinomycetemcomitans, Porphiromonas gingivalis*

Основу медикаментозного лечения хронических форм пародонтита, ассоциированного с *Actinobacillus actinomycetemcomitans* и/или *Porphiromonas gingivalis*, составляет антибактериальная терапия. На сегодняшний день имеется очень широкий арсенал антимикробных средств. Вместе с тем данные об эффективности отдельных групп химиопрепаратов весьма противоречивы и подчас недостаточно обоснованны с микробиологической точки зрения, так как при назначении не учитывается чувствительность к ним анаэробной флоры пародонтального кармана. *Actinobacillus actinomycetemcomitans* и *Porphiromonas gingivalis* проявляют резистентность к большинству известных препаратов, в том числе и к линкомицину. Поэтому наибольший интерес в лечении больных генерализованным пародонтитом представляют средства, обладающие высоким бактерицидным действием по отношению к указанной микрофлоре. Одним из них является медицинский озон.

Наиболее известным биологическим свойством озона является его выраженное бактерицидное, фунгицидное и противовирусное действие. Это прямое действие озона проявляется при наружном применении его различных модификаций, особенно в высоких концентрациях. При этом в отличие от многих известных антисептиков озон не раздражает и не нарушает покровные ткани человека, в связи с тем, что в противоположность микроорганизмам многоклеточный организм человека обладает мощной антиоксидантной системой. Еще одним важным свойством медицинского озона является его способность потенцировать действие антибиотиков, что связано с изменением культуральных свойств возбудителей – увеличивается чувствительность микрофлоры к антимикробным препаратам.

Целью нашего исследования явилась необходимость выяснить эффективность антибактериального лечения с применением озонотерапии у пациентов с хроническим генерализованным пародонтитом, ассоциированным с *Actinobacillus actinomycetemcomitans* и *Porphiromonas gingivalis*.

Детекция патогенов осуществлялась методом полимеразной цепной реакции (ПЦР). Материалом для исследования служили препараты ДНК, выделенные из образцов зубного налёта и отделяемого пародонтальных карманов больных с воспалительными заболеваниями пародонта. Забор материала для полимеразной цепной реакции осуществлялся стерильными разовыми зондами Accellon multi (Швеция) с синтетическим ворсом и стерильным стоматологическим экскаватором. Выделение ДНК проводилось щелочным методом как описано нами ранее, а также с помощью наборов «ДНК-экспресс» (НПФ «ЛИТЕХ», Москва). В качестве ДНК-мишени использовались нуклеотидные последовательности генов 16S rRNK *Actinobacillus actinomycetemcomitans* и *Porphyromonas gingivalis* (Tran, Rudney 1996). ПЦР-тест-система составлена нами из следующих ингредиентов: праймеры AaF, PgF, C11R - 12 пмоль/мкл каждого; фермент Taq-pol - 5 ед/мкл; дезоксинуклеотидтрифосфаты (дНТФ)- 2 мМ; реакционный буфер 10x (трис-HCl - 0,7 М, сульфат аммония - 0,2 М, Твин 20 - 0,1 %, pH 8,5); раствор хлорида магния (MgCl₂) - 10 мг/мл; раствор БСА - 4 мг/мл; вода деионизованная стерильная; вазелиновое масло. Все праймеры синтезированы фосфоамитидным методом с использованием олигосинтезатора Cene Assembler Plus (Pharmacia Biotech, Швеция). Использованы реактивы фирмы «Sigma» (США), а также наборы для ПЦР («Клинбиотех», или VDI "Fermentas", Литва).

Праймеры AaF, PgF вносят в реакционную смесь в количестве 1 мкл каждого, C11R – 2 мкл, дНТФ - 2,5 мкл, 10xПЦР буфер - 2,5 мкл, MgCl₂ - 1,0 мкл, БСА - 1,0 мкл, фермент - 0,25 мкл, пробу - 10 мкл, деионизованную воду до конечного объема - 25 мкл. Амплификацию осуществляли под контролем компьютерной программы МС16 на мультициклере «Терцик» МС-2 (АО «ДНК-технологии»). Температурный режим реакции: предварительная денатурация ДНК при температуре 94 ^{0}С в течение 5 мин; 35 циклов, включающих в себя денатурацию ДНК при температуре 95 ^{0}С в течение 1 мин., отжиг праймеров при температуре 61

^{0}С в течение 1 мин., синтез коплементарной цепи при температуре 72 ^{0}С в течение 2 мин. После последнего цикла пробирки прогревают в течение 5 мин при температуре 72 ^{0}С. Учёт результатов ПЦР проводилась гель-элекрофорезом в 1,5% агарозе (Sigma, Type I, США) в трис-боратной буферной системе с цифровой видеодокументацией.. Для определения размеров ампликонов использовали маркеры молекулярного веса ДНК 100 и 1000 пар нуклеотидов (п. н.) с размерами фрагментов: 1000, 900, 800, 700, 600, 500, 400, 300, 200, 100 и 10000, 8000, 6000, 5000, 4000, 3000 x 2, 2500, 2000, 1500, 1000 x 2, 750, 500, 250 п. н. соответственно («Медиген», Новосибирск). Результаты электрофореза документировали с помощью видеосистемы «DNA Analyzer» с программой «Gel Imager 3.0». Определение молекулярного веса ампликонов производили с использованием программы «Gel Analysis 1.0».

Нами проведено клиническое обследование больных. Кроме основных методов обследования (опрос, осмотр, пальпация, перкуссия, определение глубины пародонтальных карманов и др.), использовалась индексная оценка состояния тканей пародонта и рентгенологическое обследование. Для определения состояния тканей пародонта применялся индекс гигиены (ГИ) Федорова-Володкиной в модификации, проба Шиллера-Писарева, папиллярно-маргинально-альвеолярный индекс (РМА) пародонтальный индекс (ПИ) Рассела, степень кровоточивости и степень подвижности. Из рентгенологических методов обследования использовались ортопантомограмма и радиовизиография.

В ходе исследования нами было обследовано 25 пациентов с хроническим генерализованным пародонтитом (ХГП) средней и тяжелой степени тяжести. По данным полимеразной цепной реакции, проведенной до лечения у 8 пациентов с хроническим генерализованным пародонтитом ассоциировался с *Actinobacillus actinomycetemcomitans* и *Porphiromonas gingivalis*, у 8 только с *Actinobacillus actinomycetemcomitans* и у 9 пациентов только с *Porphiromonas gingivalis*.

Все обследованные пациенты были разделены на две группы, в зависимости от метода лечения:

Первой группе пациентов (12 человек) осуществлялось комбинированное лечение медицинским озоном, в виде промывания пародонтальных карманов озонированной дистиллированной водой из шприца в концентрации 3 мг/л; аппликации на десну озонированного растительного масла в течение 20 минут два раза в день ежедневно, и антибиотиком доксициклином в полимерной пленке, вводимым в пародонтальный карман в дозе до 0,175 г. в одно посещение.

Лечение второй группы пациентов (13 человек) по классической методике с применением раствора линкомицина гидрохлорида 30% вводимого в десну ежедневно в количестве 1 мл.

В первой группе больных с хроническим генерализованным пародонтитом, ассоциированным с *Actinobacillus actinomycetemcomitans* и/или *Porphiromonas gingivalis* до лечения через месяц после проведенного комбинированного лечения в первой группе пациентов в содержимом пародонтальных карманов *Actinobacillus actinomycetemcomitans* и *Porphiromonas gingivalis* методом полимеразной цепной реакции обнаружены не были. При этом клинически отмечалась стойкая ремиссия хронического генерализованного пародонтита: уменьшение глубины пародонтальных карманов, исчезновение подвижности зубов, кровоточивости десен.

Во второй группе из 5 пациентов с хроническим генерализованным пародонтитом ассоциированным с *Actinobacillus actinomycetemcomitans* и *Porphiromonas gingivalis* до лечения, у 3 пациентов через месяц после использования линкомицина в ПЦР был вновь обнаружен и *Actinobacillus actinomycetemcomitans* и *Porphiromonas gingivalis*, у 2 пациентов только *Actinobacillus actinomycetemcomitans*. У всех 3 пациентов с хроническим генерализованным пародонтитом ассоциированным с *Actinobacillus actinomycetemcomitans* до лечения. детекция в ПЦР данного патогенна после лечения была положительной. Среди 5 пациентов с хроническим генерализованным пародонтитом ассоциированным с *Porphiromonas gingivalis* у 4 выявили *Porphiromonas gingivalis* после лечения линкомицином. Клинически у всех пациентов, у которых данные микроорганизмы были обнаружены вновь, наблюдалось обострение хронического генерализованного пародонтита: кровоточивость десны при зондировании, гиперемия, отек десны. Глубина пародонтальных карманов практически не изменилась.

На основе полученных данных можно сделать вывод, что лечение пациентов с хроническим генерализованным пародонтитом, ассоциированным с *Actinobacillus actinomycetemcomitans* и *Porphiromonas gingivalis* с использованием в качестве антибактериального средства линкомицина является не достаточно эффективным. Так как основной этиологический фактор – пародонтопатогенные микроорганизмы *Actinobacillus actinomycetemcomitans* и *Porphiromonas gingivalis* не элиминируются из очага воспаления.. Использование сочетания антибактериальной терапии с озонотерапией приводит к полной элиминации возбудителя из очага воспаления, что резко повышает эффективность терапевтических мероприятий и клинический эффект при лечении хронического генерализованного пародонтита, увеличивает сроки ремиссии воспалительного процесса в тканях пародонта.

Список литературы

1. Артюшкевич А.С., Латышева С.В., Трофимова Е.К.. Клиническая периодонтология. – Минск, 2002. – 300 с.

2.   Безрукова И.В., Грудянов А.И. Агрессивные формы пародонтита. - М., 2002. - 126 с.

3.   Дмитриева Л.А., Беспалова И.Н., Золоева З.Э. и др.   Современные аспекты пародонтологии. – М., 2001. – 125 с.

4.   Курякина Н.В., Кутепова Т.Ф. Заболевания пародонта.- М., 2000. – 162 с.

5.   Сивовол С.И. Клинические аспекты пародонтологии. – М., 2001. – 166 с.

6.   Царев В.Н., Ушаков Р.В. Антимикробная терапия в стоматологии. – М., 2004. – 138 с.

7.   Цепов Л.М., Николаев А.И., Жажков Е.Н. К вопросу об этиологии и патогенезе воспалительных заболеваний пародонта.// Пародонтология. – 2000. - №2 – с. 9 -13

8.   M. Straka. Пародонтология 2000.// Новое в стоматологии. – 2000. - №4 – с 24 – 53.

9.   Y. Abiko, Y. Hosogi, K. Kaizuka (2001). Inhibition of hemolysis by antibody against the Porphyromonas gingivalis 130-kDa hemagglutinin domain. J. of Oral Science 43. 156 - 163

10.   M. Hayakawa, M. Kiyama-Kishikawa, E. Nonaka (2001). Identification of 40-kDa outer membrane protein as an aggregation factor of Porphyromonas gingivalis to Streptococcus gordonii. J. of Oral Science 43. 239 - 243

11.   K. Hayashi, Y. Hirano, K. Kuroda, M. Tamura (2003). The cell extract of Porphyromonas gingivalis promotes attachment of Prevotella nigrescens cells to hydroxyapatite. J. of Oral Science 45, 2. 99 – 106

12.   K. Honma, K. Ishihara, K. Okuda, M. Washizu (2003). Effects of mixed infection with Porphyromonas gingivalis and Trponema denticola on abscess formation and immune responses in mice. Bull. Tokyo dent. Coll. 44. 141 - 147

13.   J. B. Kaplan, H.C. Schreiner, D. Furgang and d.H. Fine. Population structure and genetic diversity of Actinobacillus actinomycetemcomitans strains isolated from localized juvenile periodontitis patients. Journal of Clinical Microbiology, Apr. 2002, p. 1181 – 1187

14.   S. Y. Lee (2001). Effects of chlorhexidine digluconate and hydrogen peroxide on Porphyromonas gingivalis hemin binding and coaggregation with oral streptococci. . J. of Oral Science 43. 1 - 7

Вязьмин А.Я., Клюшников О.В., Подкорытов Ю.М., Никитин О.Н.
1) д.м.н., профессор, зав.кафедрой ортопедической стоматологии;
2) к.м.н., ассистент кафедры ортопедической стоматологии;
3) к.м.н., доцент кафедры ортопедической стоматологии;
4) к.м.н., ассистент кафедры ортопедической стоматологии
Иркутского государственного медицинского университета
E: mail - klush.stom@mail.ru

ЭТИОПАТОГЕНЕЗ ДИСФУНКЦИИ ВИСОЧНО-НИЖНЕЧЕЛЮСТНОГО СУСТАВА

На возникновение и развитие патологии височно-нижнечелюстного сустава оказывают влияние самые разнообразные факторы. Это и психоэмоциональное состояние пациентов, и травмы челюстно-лицевой области, и дефекты зубных рядов, в результате которых нарушается функция жевания, наличие пломб и зубных протезов в полости рта, патологическая стираемость твердых тканей зубов, вредные привычки. Ю.А. Петросов с соавт. (1996) из числа 2328 обследованных, у 78,3 % установили «функционально обусловленную форму патологии» височно-нижнечелюстного сустава [10]. Наибольший удельный вес (86,3 %) пришелся на возрастные группы от 11 до 50 лет. Эти данные свидетельствуют о достаточно высокой распространенности синдрома дисфункции височно-нижнечелюстного сустава на популяционном уровне. Обращает на себя внимание частоты нарастающей патологии с возрастом. Было установлено, что у женщин максимальное количество признаков поражения височно-нижнечелюстного сустава наблюдалось в возрасте 19-20 лет, а у мужчин пик заболевания приходился на возрастной период 24-25 лет. Боли и ограничения степени открывания рта усиливались как у женщин, так и у мужчин к 30-35 годам, а затем клинические проявления болезни становились менее ощутимыми.

Эпидемиологическим исследованием подтверждается тот факт, что признаки синдрома дисфункции височно-нижнечелюстного сустава имеют тенденцию к снижению в пожилом возрасте. При изучении авторами состояния височно-нижнечелюстного сустава у пожилых людей установили, что лишь в 22% случаев от числа всех обследованных у них имелись признаки дисфункции. Наиболее частым и единственным симптомом при этом были щелчки в суставе (15%), а другие отдельные признаки обнаруживались только у 2 — 6%.

Обследование молодых людей, которым исполнилось 14, 15, 18 и 23 года, подтвердило, что количество больных с возрастом увеличивается соответственно с 11 % до 34 [22,25].

По данным Х.А. Каламкарова (1996), развивающиеся функциональные и морфологические отклонения вследствие частичного отсутствия зубов, снижения высоты нижнего отдела лица и дистального смещения нижней челюсти затрагивают все звенья зубочелюстной системы и нередко приводят к дезорганизации деятельности жевательной мускулатуры и «дисфункциональным нарушениям»[7].

Установлено, что среди пациентов с жалобами на дискомфорт в суставе и ограничение движений нижней челюсти, женщин было значительно больше чем мужчин [14]. При этом самая высокая распространенность заболевания регистрируется у них в возрасте от 14 до 40 лет [4,28].

В.В. Баданин и В.А. Хватова (1998) отмечают увеличение патологии с 1996 года в 3,6 раза и установили, что, как нарушение окклюзии зубных рядов влияет на функцию и структуру сустава, так и заболевания сустава и его аномалии влияют на окклюзию [2].

Одним из известных этиологических факторов дисфункции являются окклюзионные нарушения. При исследовании взаимосвязи между наличием преждевременных окклюзионных контактов зубов и поражением жевательных мышц было установлено, что латеральные и медиальные крыловидные мышцы изменяют своё функциональное состояние на стороне преждевременных контактов, а жевательные и височные на противоположной стороне [26]. Синдромом дисфункции сустава страдает большая категория больных с вовлечением в патологический процесс и скелетной мускулатуры головы и шеи [1].

Наряду с окклюзионными и мышечными нарушениями большое значение в этиологии синдрома дисфункции височно-нижнечелюстного сустава придается травматическому фактору. Частыми причинами этого заболевания являются травмы головы и шеи, которые также обусловливают возникновение шейного остеохондроза [3]. Это объясняет необходимость повышенного внимания к состоянию позвоночника у больных с синдромом дисфункции височно-нижнечелюстного сустава.

По мнению S. Minagi и соавт. (2000), височно-нижнечелюстной сустав является центром равновесия всего организма человека [24]. Линия тяжести головы, верхних конечностей и туловища лежит на 1,3 см впереди от горизонтали, проведенной через оба ушных отверстия, проходит впереди позвоночника и последний поддерживается в прямом положении благодаря рефлекторному сокращению мышц спины. При симметричном положении нижней челюсти мышцы головы не испытывают напряжения.

В качестве ответной реакции на нарушение функции жевательной мускулатуры изменяется пространственное положение нижней челюсти. Смещение нижней челюсти в любую сторону приводит к нарушению равновесия головы. Чтобы удержать ее в асимметричном положении, необходима соответствующая дополнительная нагрузка на мышцы головы, шеи, туловища и нижних конечностей. Большинство людей не замечают этого напряжения мышц и не испытывают дискомфорта от нарушения равновесия челюстей в течение нескольких месяцев или лет. И только при появлении дополнительных неблагоприятных факторов, например, бруксизма, стресса и др., возникают условия для развития синдрома дисфункции височно-нижнечелюстного сустава.

При обследовании и лечении пациентов с дисфункцией височно-нижнечелюстного сустава такой важный этиологический фактор, как психологический стресс, часто упускается из виду [13].

А.И. Мирза, Г.И. Лютик (2002) отмечают, что при обследовании больных с заболеваниями височно-нижнечелюстного сустава в 14,8% обнаруживаются психические заболевания, что подтверждает связь патологии с изменением психического состояния больного [9].

Влияние факторов центрального происхождения (нервно-психических стрессов, заболеваний нейроэндокринной системы, изменений иммунологической реактивности организма) может приводить к нарушениям нейромышечной регуляции жевательного аппарата [11,23].

Также установлено, что для возникновения боли при дисфункции височно-нижнечелюстного сустава нужен провоцирующий патологический экзогенный или эндогенный фон [6].

Взгляды на возникновение синдрома дисфункции височно-нижнечелюстного сустава практически охватывают все стороны жизни человека, где любой из неблагоприятных факторов может стать причиной болезни. Поэтому проведению высокоэффективных диагностических мероприятий способствует всестороннее изучение и выявление факторов, провоцирующих возникновение, развитие и течение дисфункций височно-нижнечелюстного сустава [17].

В основном этиологические факторы, как правило, находятся вне суставных сочленений и воздействуют на височно-нижнечелюстной сустав опосредованно [15].

С точки зрения врачей-стоматологов, одним из предрасполагающих факторов возникновения нарушений в височно-нижнечелюстном суставе являются ошибки восстановления высоты нижнего отдела лица и моделирования окклюзионной поверхности зубных протезов при протезировании.

Как показал анализ доступной литературы окклюзионным нарушениям в этиологии и патогенезе синдрома дисфункции придается большое значение.

По данным В.А. Хватовой (2005) окклюзионная травма возможна из-за суперконтактов на естественных зубах, при завышении пломб, вкладок, неудовлетворительном изготовлении коронок, несъемных и съемных конструкций протезов, вследствие развития осложнений при частичной вторичной адентии челюстей, а также после ортодонтического лечения [18].

При окклюзионных нарушениях за счёт изменённой мышечной функции, движения нижней челюсти осуществляются так, чтобы избежать окклюзионных препятствий. При этом возникает асимметрия мышечной активности и топографии суставных головок, травма нервных окончаний капсулы сустава, задисковых зон и нарушение гемодинамики тканей. Потеря боковых зубов вызывает снижение окклюзионной высоты, которое так же обусловливает изменение положения головок нижней челюсти в суставных ямках. Они смещаются назад, передняя их поверхность несколько поднимается, а задняя опускается. Таким образом, изменение окклюзии при дисфункции височно-нижнечелюстного сустава в дальнейшем приводит к артрозу с асимметрией положения суставных головок, с сужением в одних отделах и расширением в других суставной щели.

Окклюзионные нарушения не только могут способствовать возникновению заболевания, но и значительно осложняют его течение. Это можно утверждать исходя из того, что восстановление окклюзионных взаимоотношений зубов в большинстве случаев устраняет болевые ощущения в зубочелюстно-лицевой системе и нормализует взаимодействие суставных элементов.

В тоже время симптомы внутрисуставных расстройств могут появляться и при отсутствии окклюзионных изменений зубных рядов. Это подтверждается тем, что окклюзионная терапия не всегда способствует устранению синдрома дисфункции сустава и часто ее эффект имеет кратковременный характер.

Измененная позиция головы, вызванная окклюзионными нарушениями, приводит к возникновению мышечно-суставной дисфункции [27].

Напряжение в мышцах краниоцервикального комплекса субъективно воспринимается как головная боль напряжения. Fernandez и соавт. (2006) пришли к выводу, что у 65% больных с хроническими головными болями напряжения определяются активные триггерные точки в субокципитальных мышцах, а у 35%— латентные [20].

В случае латентной триггерной точки обнаруживается только локальная болезненность при пальпации места расположения триггера. При этом болей в отдаленных областях не возникает, то есть латентная триггерная точка не имеет зоны отраженных болей. Латентные триггерные точки под влиянием неблагоприятных воздействий могут переходить в активную фазу и становиться активными триггерными точками. Причины их активности могут быть механическими (например, нарушение окклюзии, травма суставных элементов), системно-патологическими или функциональными, психическими и поведенческими [5,12,16,19,21].

Огромное значение в активации триггерных точек имеет эмоциональное состояние, такое как тревога, страх, депрессия. И, наоборот, активная триггерная точка под влиянием тепла, покоя, массажа, может переходить в латентное состояние. Полное излечение возможно только при устранении активности триггерных точек находящихся в мышцах.

Так как симптомы заболевания разнообразны, пациенты с этой патологией испытывают значительные трудности при обращении к врачам. Наряду с окклюзионными нарушениями, травмами головы и шеи, эндокринные и психоэмоциональные аспекты так же играют важную роль. В результате имеется сложная клиническая картина полиэтиологического характера, сопровождающаяся различными нервно-психическими расстройствами. Поэтому не ясно, что является решающим фактором в этиологии. Возможно, что при сочетании общих и местных факторов происходит их взаимное усиление и развивается дисфункция сустава.

Предлагаемые в настоящее время методы лечения и реабилитации больных часто носят симптоматический характер и не учитывают многофакторность заболевания. Подход к диагностическому процессу с применением современных технологий и всестороннее обследование пациента позволит уже на ранних этапах выявить функциональные нарушения в суставе и применить эффективное лечение.

При отсутствии профилактических, лечебных и реабилитационных мероприятий или их неэффективности синдром дисфункции височно-нижнечелюстного сустава приводит к возникновению хронического артрита, а затем и артроза.

На сегодняшний день существующие проблемы не только не утратили своей актуальности, но приобрели ещё большую остроту. Публикаций, посвященных изучению причинных факторов и патофизиологических механизмов возникновения синдрома дисфункции височно-нижнечелюстного сустава в отечественной и зарубежной литературе много. Однако до настоящего времени нет единой концепции об этиологии и патогенезе этого заболевания и, как следствие, существуют проблемы с патогенетическим лечением, что, наряду с ростом распространенности, обуславливает необходимость дальнейших исследований в этой области.

ЛИТЕРАТУРА

1. Агапов В.С., Шулаков В.В., Берденштейн Л.М., Румянцев Д.А. Медицинская психокоррекция у больных с миофасци-альным синдромом болевой дисфункции в челюстно-лицевой области // Современные проблемы стоматологии: Сб. тез. науч. работ. — М., 1999. — С. 22-23.

2. Баданин В.В., Хватова В.А. К вопросу о функциональных нарушениях височно-нижнечелюстного сустава // Актуальные вопросы стоматологии: Сб. науч. тр. — М., 1998. — С. 40-41.

3. Вязьмин А. Я. Диагностика и комплексное лечение синдрома дисфункции височно — нижнечелюстного сустава: Дис. .. .д-ра мед. наук. — Иркутск, 1999. — 227 с.

4. Джаханара С., Персии Л.С., Матвеев В.М. Нарушение функции височно-нижнечелюстного сустава у пациентов с дис-тальной окклюзией // Ортодонтия. — 2003. — № 2. — С. 33-37.

5. Егоров П.М., Карапетян И.С. Болевая дисфункция височно-нижнечелюстного сустава. — М., 1986. — 125 с.

6. Есим А.Ж. , Зыкеева С.К., Испулаева С.Х. и др. Морфофункциональные и клинико-лабораторные особенности височ-но-нижнечелюстного сустава в норме и патологии // Проблемы стоматологии. — 2001. — № 1. — С. 32-34.

7. Каламкаров Х.А. Ортопедическое лечение с применением металлокерамических протезов. — М.: Медиасфера, 1996. — 175 с.

8. Ильина-Маркосян Л.В. Некоторые ошибки в процессе ортопедического лечения больных // Стоматология. — 1981. — № 3. — С. 71-74.

9. Мирза А.И., Лютик Г.И. Реабилитация пациентов с болевым синдромом височно-нижнечелюстных суставов // Современная стоматология. — 2002. — № 4. — С. 28-29.

10. Петросов Ю.А., Копакьянц О.Ю., Сеферян Н.Ю. Заболевания височно-нижнечелюстного сустава. — Краснодар,
1996. — 352 с.

11. Писаревский Ю.Л., Хышиктуев Б.С., Белокриницкая Т.Е., Холмогоров В.С. Тиреоидный статус больных и синдромом дис-функ-ции височно-нижнечелюстного сустава // Клиническая лабора-торная диагностика. — 2000. — № 11. — С. 7-8.

12. Пузин М. Н. Нейростоматологические заболевания. — М., 1997. — 548 с.

13. Пшепий Р.А. Аффективные расстройства в структуре диагностики и лечения синдрома дисфункции височно-ниж-нечелюстного сустава: Автореф. дис. ... канд. мед. наук. — М., 2002. — С.3-4.

14. Семкин В.А., Рабухина Н.А., Букатина Н.В. Клинико-рентгенологические проявления мышечного дисбаланса височ-но-нижнечелюстного сустава и его лечение // Стоматология. — 1997. — Т.76, № 5. — С. 15-17.

15. Статовская Е.Е., Цимбалистов А.В., Хасамова С.И. Особенности диагностики дисфункции височно-нижнече-люстного сустава у больных с недифференцированной дис-плазией соединительной ткани // Стоматология -2005: Матер. VII Всерос. науч. форума с междунар. участием. — М., 2005. -С.

246-247.

16. Хватова В.А. Заболевания височно-нижнечелюстного сустава. — М.: Медицина, 1982. — 160 с.

17. Хватова В.А., Губина Л.К., Коваленко М.Э., Салама У.М. Бифункциональная окклюзия при зубочелюстных аномали-ях 2 класса 1 подкласса // Маэстро стоматологии. — 2005. — №
16. — С. 47-51.

18. Хватова В.А. Инструментальная и компьютеризированная диагностика и лечение мышечно-суставной дисфункции // Маэстро стоматологии. — 2005. — № 17. — С. 50-52.

19. Brossman R.E. Headache Pain, Trigger point pain and Temporomandibular Joint Dysfunction. — West Virginia, 1995. — 157 p.

20. Fernandez-de-las-Penas C., Alonco-Blanco C., Cuadrado MX. et al. Forvard head posture and neck mobility in chronic tension-type headache: a blinded, controlled study // Cephalalgia. — 2006. — Vol.
26, № 3. — P.314-319

21. Gross M.D., Mathews J.D. Occlusion in Restorative Dentistry. Technique and theory. — London NY, 1982. — 258 p.

22. Kenchen M., Waltimo A., Nystrum M. Does clicking in adolescence lead to painful temporomandibular joint locking // Lancet. — 1996. — Vol. 20, № 347. — P.9008, 1080-1081.

23. Kinniburgh R.D., Major P.W., Nebbe B., et al. Osseous morphology and spatial relationships of the temporomandibular joint: comparisons of normal and anterior disc positions // Angle. Orthod. — 2000. — Vol. 70, № 1. — P.70-80.

24. Minagi S., Ohmori T., Sato T., et al. Effect of eccentric clenching on mandibular deviation in the vicinity of mandibular rest position // J. Oral. Rehabil. -2000. — Vol. 27, № 2. — P.175-179.

25. Ow R.K., Loh T., Neo J., Khoo J. Symptoms of craniomandibu-lar disorder among elderly people // J. Oral. Rehabil. — 1995. — Vol. 22, № 6. — P. 413-419.

26. Sato S., Ohta M., Sawatari V. et al. Occlusal contact area, oc-clusal pressure, bite force and masticatory efficiency in patients with anterior disc displacement of the temporomandibular joint // J. Oral. Rehabil. — 1999. — Vol. 26, № 11. — P.906-911.

27. Savajani D., Wertheim D., Edler R. Change in cranio-cerv-ical angulation following orthognatic surgery // Eur. J. Orthod. —
2005. — Vol. 27, № 3. — P.268-273.

28. Tsentilo T.D. State of nucleic acids in periodontal tissue in pe-riodontosis and periodontitis // Lik. Sprava. — 2003. — №1. — P.93-95.

Sivokon Y.V.
Postgraduate, Department of Physical Geography and Landscape, The
North Caucasus Federal University
geografwoman@yandex.ru

FEATURES ACCUMULATION OF CHEMICAL ELEMENTS IN THE MOUNTAIN FOREST SOILS RIVER VALLEY KARAUGOM

Mountain soils belong to the young and immature, have low power and large skeletal. These soils are most vulnerable and therefore monitoring study of basic geochemical parameters of mountain soils in their natural state is relevant in the study of natural geosystems in general.

The object of study was the cultural and natural Karaugomsky midland landscape with pine forests growing on the mountain-forest soils near the village Dzinaga in the Republic of North Ossetia – Alania. This is the most elevated part of the northern slope of the Greater Caucasus within the within – Cubano Terskiy County pine forests and alpine meadows Elbrus-Kazbekovskiy Alpine subdomain [1, 126]. Karaugom River Valley is part of the National Park «Alania», which is the link between the North Ossetian State Nature Reserve in the east and Kabardino-Balkaria alpine reserve in the west, and occupies the northern slopes of the Central Caucasus. Karaugom river originates in the glaciers Karaugom- Tseyskiy array. The glacier area around the pool is reduced, many of them are retreating. The river valley formed within the main and lateral ridges. Karaugom takes right tributary – river Dzinagadon that feed springs.

The relief of the study area is presented paleoglyatsialnymi and new forms. Paleoglyatsialnye landforms observed in the valley Karaugom where preserved glacial valley with a wide bottom and slopes. About Karaugomsky glacier moraines formed modern side. Slopes of the valley carved with erosion gullies, exposed to debris flows. When approaching the glacier valley becomes gorge. The territory is anthropogenically disturbed, cut down on the slopes of pine forests.

Within the valley formed Karaugom geobotany zone pine forests. Invasion of the glacier in the forest belt violation triggered a series of high-altitude forest belt and rises to 2,200 m above sea level, coming close to the glacier. The main tree species are *Pinus kochiana Klotsch* and *Betula litwinowii*. In the past pine forests occupy a large area, as evidenced by preserved grassy and shrubby vegetation - pine satellites [2, 98]. On the ground, felled pine forests grow birch forests and shrubs. Most common in them has *Betula verrucosa* and *Betula litwinowii*. In grassland occur: *Vaccinium myrtillus, Vaccinium vitis-idaea, Fragaria vesca, Carex sylvatica, Pyrola* [3, 177].

Field studies were conducted in the summer of 2011. In the valley of the river was laid Karaugom six pilot sites. Within Karaugomsky landscape was laid geochemical profile starboard Karaugom Valley (on the slope of the western exposure). Tackling geochemical sampling was carried out in the bottom of the diluvial - colluvial slopes with coarse skeletal thin light-brown weakly podzolic soils with pine forests with birches. For comparison, also founded an experimental platform in the lower third of the slope southern exposure starboard inflow Karaugom – River Dzinagadon with alluvial-meadow soils on alluvial and glaciofluvial sediments.

Soil samples were collected at experimental sites measuring 10 m by 10 m of 5 spot samples located «envelope». Individual samples were collected from a depth of 5-10 cm soil sample as representative of the sample – A_1 horizon.

As informative parameters selected concentration of lead, cadmium, zinc and copper in the soil. Choice due to the fact that the compounds of these elements are different prevalenc, toxicity and ability to accumulate in living organisms (bioaccumulation). The good solubility of these compounds contributes to the high migration ability. Laboratory analyzes of acid concentration in all forms of the elements selected samples were carried out in the laboratory of soil science and landscape geochemistry Department of Physical Geography and Landscape of the North Caucasus Federal University using the method of stripping voltammetry.

Experimental studies have shown that the concentration of elements in the mountain-forest soils vary in the following ranges: Pb 3,34 - 95; Cd 0 - 5; Cu 4,1 - 101,9; Zn 4,3 - 150,8 mg / kg (Table 1).

Table 1

Content of elements in a mountain forest soils Valley Karaugom (mg / kg)

Experimental platforms	h, m	Pb	Cd	Cu	Zn
Site 1	1458	3,34	4,64	4,18	4,32
Site 2 (southern exposure)	1536	22,33	0,58	11,36	15,46
Site 3	1565	60,25	0	101,97	65,85
Site 4	1575	21,6	0,42	25,4	31,6
Site 5	1730	54,92	0,17	54,65	150,85
Site 6	1814	12,06	2,26	8,02	9,96

The highest concentrations of all indicators investigated elements, especially copper, are characteristic of the experimental sites located at an altitude of 1565 m and 1730 m above sea level. The first of these is the anthropogenically transformed land on which economic activity is conducted continuously, which explains the high content of elements. On the other experimental sites showing wide variations in the contents of most elements in the soils of the study area, which may indicate that their entry into the soil comes directly from the bedrock.

These materials allow the following conclusions:

- Chemical composition of mountain forest soils Valley Karaugom formed under the influence of several factors - income items from the parent rock and anthropogenic transformation;

- Soil of the experimental site located at the highest altitude above sea level and the closest to the glacier, have low concentrations of elements that explains the mechanical and water migration component substances in soil facies located below the profile;

- Revealed strong correlations in the distribution of chemical elements studied: lead and copper (r = 0,9); Lead and zinc (r = 0,8), indicating that similar conditions for their distribution in the soil;

- Maximum permissible concentrations of certain elements slightly exceeded, that is the reason for continuous monitoring.

Sources of literature

1. Шальнев В.А. Ландшафты Северного Кавказа: эволюционный подход и современное состояние. – Ставрополь, 2007.
2. Исаченко Т.Е., Чижова В.П. Трансформация природно-культурных комплексов горных регионов // Вестник СПБГУ. Сер. 7. Вып. 3. – 2012. – С. 91 – 103.
3. Братков В.В. Ландшафты Северной Осетии // Природа и природные ресурсы Северной Осетии. Издание 2-е. – Владикавказ, 1998. – С. 167-179.

Слизовский Д.Е.
д.и.н., профессор, РАНХиГС при Президенте РФ, РУДН
de373@mail.ru
Пашенская Р.А.
магистр политологии, соискатель РАНХиГС при Президенте РФ
rde373@yandex.ru

ФЕДЕРАЛИЗМ: СПЕЦИФИКА ВКЛЮЧЕННОСТИ ТЕОРИИ В СОВРЕМЕННЫЙ ПОЛИТИЧЕСКИЙ ПРОЦЕСС (В СВЯЗИ С СОБЫТИЯМИ НА УКРАИНЕ, И ИХ ВЛИЯНИЯ НА ФЕДЕРАЛИЗМ В РОССИЙСКОЙ ФЕДЕРАЦИИ)

Наблюдая современные политические процессы, приходится признать, что федерализм как политическая и научная категория сегодня подвергается беспрецедентной ревизии, нередко идеологическому и пропагандистскому истолкованию и просто – шельмованию. Речь идет не только о том, что поменялся вектор отношения к федерализму, к процессам, связанным потенциально или только теоретически с федерализацией. Или, напротив, с антифедерализацией. В отношении к федерализму и его сторонникам наметилась такая логика действий, содержание и суть которых, не говоря уже о их причинах и мотивах его апологетов и их оппонентов, еще предстоит уяснить. Но и имеющиеся в доступности сведения и материалы на эту тему, устойчивые стереотипы вбрасываемых в информационное пространство суждений, мнений, экспертных оценок, наконец, политической и социальной практики, уже позволяют хотя бы предварительно заявить о том, что по отношению к федерализму обнаруживается потеря теоретических его постулатов, сознательное и ангажированное игнорирование его сущности, отрицание за федерализмом его положительной, а при определенных обстоятельствах и ничем не заменимой позитивной политической функции. Функции быть инструментом и условием решения острейших проблем и противоречий, проведения широкомасштабного и всестороннего, с участием всех сил, диалога, утверждения политики мастерства. Как, впрочем, напротив, федерализм остается и базой также твердых и резких упреков в ослаблении территориальной целостности и суверенитета государства.

Традиционно не оспариваемые по существу идеи федерализма, как политики и идеологии продуцирующей различные формы сепаратизма, лишь дополнительно питают к нему недоверие и вызывают подозрение у его сторонников. Тем самым и на современном витке исторического и политического развития вырабатывается новый и актуальный подход к представлению о федерализме и у федералистов, и у антифедералистов. Конспективно предложим ряд теоретических суждений, описывающих специфику включенности федерализма в современный политический процесс в связи с событиями на Украине, и их влияния на федерализм в Российской Федерации.

1) Тема федерализма как сугубо политическая, а не теоретическая проблема, получила развитие и обратила на себя внимание администрации США, правительственных кругов в Канаде. На тему федерализма политическая элита и государственные чиновники этих стран высказали свои соображения, не касаясь собственно базовых принципов федерализма в своих странах. Адресовали ее смыслы во вне и для потребления другими политическими акторами. Шире политически и юридически, и лишь отчасти идеологически, но не на теоретическом уровне эта тема охватила Европейский Союз, политические партии, общественные организации в Европе, в таких странах, как Испания, Италия, Люксембург, Англия. При этом нельзя говорить о том, что федерализм получает какое-то новое теоретическое обоснование. В то время как его политическое звучание и политические аспекты стали не только вновь озвученными, но и декламируемыми с оттенком легкого обращения с сущностными принципами федерализма и его связи с другими базовыми принципами, например, принципом территориальной целостности, правом на национально-этническую субъектность и др.

2) В Украине, например, сторонников федерализации, а это крупные регионы, огромные территории, целые этносы, и в официальных СМИ, и политическая элита, пришедшая на смену элите В. Януковича, считают не иначе, как сепаратистами и даже террористами. И на этом основании их преследуют, угрожают, против этих территорий и населения развязана настоящая война с применением воинских подразделений, тяжелых вооружений. Тем не менее, в середине мая 2014 г. произошло самопровозглашение двух Республик - Донецкой и Луганской, будущее которых никто предсказать не в состоянии. Хотя даже сам факт их появления - это свидетельство живучести принципов федерализма, но не понимания, что есть федерализм, в том числе и его яростными сторонниками.

Что за этим скрывается и к чему в таких обстоятельствах стремиться? Ответ в какой-то мере очевиден и естественен – недопонимание сущности и сути федерализма политическими фигурантами, группами лиц, ведающих практической политикой. Или это лишь сознательное мимикрирование под недопонимание в угоду своим узким интересам и мотивам корпоративного духа?

Тем не менее, к неожиданно острому и актуальному возвращению и обновлению теории федерализма подвигают прежде всего природа и динамика событий, реакций на них политиков и экспертов, специалистов. Подобное предложение есть следствие тех все же, скажем так, «странных» умозаключений. Приведем рефлексии на этот счет политиков, непосредственно втянутых в логику и гущу политических событий. Так,

Президент Белоруссии А. Лукашенко пространно излагает свое понимание, что такое федерализм, и как он мыслит его суть и содержание в контексте событий в Украине в апреле 2014 года. «Если вы хотите сохранить Украину единым государством, а я хочу, чтобы Украина была целостным монолитным единым государством, очень этого хочу, то не надо проводить федерализацию. Это завтрашний раскол Украины полностью, это разрушит государство», — подчеркнул глава государства. «Сегодня вроде это красиво, интересы каких-то регионов будут соблюдены. Ну а завтра? А завтра игрокам основным возможно будет играть на этой федерализации», — предположил Лукашенко. «Поэтому я даже не хочу дискутировать на эту тему. Я категорически против федерализации, потому что я за единую Украину»[1].

Еще чуть раньше, в марте 2014 года А. Лукашенко говорил в принципе то же самое. Но академический интерес здесь не только в используемых крупным политиком афоризмов, но и понимания предназначения и сути федерализма, противоречащей смыслам изначального толкования его понятия, исторически связанного с идей «единения» или даже «объединения» или «союза». Президент Белоруссии уверен, что Украину надо сохранить единым и целостным государством. И поэтому, казалось бы, в федерализме можно найти выход к объединению и целостности. Но, обнаруживаем:

«Я категорически против всяких федераций! Идиотизм полный! Что такое сегодня провести линию между Западной и Восточной Украиной? Я уже сказал, что это двусторонний инструмент, пианино: с одной стороны будет играть один специалист, с другой стороны — другой. И что мы получим? Фактически в центре Европы ситуацию, когда мощнейшее, крупнейшее государство будет дестабилизировано», — сказал белорусский президент в эфире «Первого национального» телеканала.

«Вот этого допустить ни в коем случае нельзя. Украину надо сохранить единым и целостным государством, как оно есть, надо все успокоить. Нельзя в этой суматохе и неразберихе проводить некие референдумы о федерализации. Надо успокоить страну, стабилизировать обстановку, а потом, если возникнет вопрос о референдумах, федеральном государстве, конфедерации, унитарном государстве или еще о чем-то, решать эти вопросы»[2], — уверен президент Белоруссии.

Подобные суждения свойственны были и экс-президенту Украины В. Ющенко, который намного раньше утверждал, что тема федерализма для его страны не стоит даже теоретически. Он считал, что федерализация - это «…то, что посягает на … соборность, целостность территории, линию границы». Он был убежден, что идея федерализма не отвечает правовым основам, традициям и истории его страны, уверенно заявляя: «У нас нет почвы, чтобы даже теоретически начать дебаты по этому вопросу»[3].

Спустя пять лет ситуация с федерализмом резко поменялась. Страна погрузилась в небывалый для нее кризис. Причин множество, но и потому, что федерализм игнорировался на всех уровнях украинского политического истеблишмента. Против любых форм федерализации Украины был и В. Янукович, будучи действующим президентом. Его отношение к федерализму поменялось, когда кризис в стране обострился, когда сам В. Янукович оказался изгнанным. И теперь, в условиях нарастающих протестов против власти в Киеве жителей юго-восточных регионов Украины, ими все явственней ставится вопрос о референдуме и федерализации. Страна раскололась. С одной стороны появились сторонники федерализации. С другой - много тех, особенно в западных и центральных регионах страны, и особенно из лагеря радикальных националистов, кто придерживается идей унитарного государственного устройства. «Разговоры о федерализации, – пишет, например, экс-генеральный консул Украины в Турции Богдан Яременко, – это ловушка. Неужели она действительно нужна только для того, чтобы в одном месте ставили памятники Екатерине и Сталину, а в другом – Бандере? Как по мне, то единственно важной задачей в стране является восстановление законности и прав человека»[4].

В своей первой предвыборной речи в прямом эфире 1 Национального канала в двадцатых числах марта 2014 года Ю. Тимошенко идею федерализации Украины толковала как «ультиматум Путина». И собиралась проводить свою предвыборную программу под лозунгами разоблачения того, что «федерализацией Путин хочет превратить «подкову» Юго-Востока» в Крым». И поэтому федерализация Украины невозможна.

Пришедшая к власти в Киеве группа объединенных националистов находит поддержку со стороны мировой политической закулисы и очень мощных стран. Украину как унитарное государство, украинских унитаристов всецело поддерживают США и влиятельные силы в Европейском Союзе. Но есть и такие эксперты и специалисты, политики, антинационалистически настроенная общественность в восточных и южных регионах страны, которые видят в федерализации Украины чуть ли не единственный спасительный путь выхода из тяжелейшего политического тупика и распада страны на отдельные фрагменты. В восьми юго-восточных областях Украины почти еженедельно проходят манифестации с лозунгами федерализации страны.

Конечно, при всем многообразии формулировок - не резон спешить с окончательными оценками и судьбы федерализма в целом, и трансформации принципов и идей федерализма, возбуждаемых текущими политическими событиями. Не иначе как аберрацией сознания нельзя назвать настроения и суждения, когда отказываются признавать позитивные значения и коннотации федерализма по причине того, что будто бы никто не знает, что такое федерализм. И потому от него надо отказаться, и федерализм категорически неприемлем, поскольку он не несет в себе ничего объединяющего, а есть лишь продукт сепаратистских настроений и проявлений. И на этом основании сторонников федерализма относят даже к государственным изменникам.

Доминирует настроение отрицания федеративности и федерализма, в то время, когда он уже стал явлением общественных и массовых требований в регионах востока и юга Украины. А некоторая часть экспертов не видят этого, и, видимо, под влиянием идеологического и политического острого противостояния парализована аналитически до такой степени, что предпочитает держаться ложных идей и мыслей, находится в состоянии самообмана или, как говорят в таких случаях, в состоянии когнитивного диссонанса. И упорно твердят, как и радикальные националисты и унитаристы – федерализм тождествен сепаратизму.

Парадокс же в том, что идеолог украинского национализма М.С. Грушевский выступал за федерализацию России, и еще в 1906 г. утверждал: «Одновременно с усилиями, направленными на улучшение общего строя, нужно немедленно вступить на путь создания таких условий…, которые превратили бы камеры предварительного заключения в свободные квартиры, в которых члены государственного союза чувствовали себя полноправными и свободными жильцами, а не подневольными узниками. Путь к этому один – широкое проведение принципа национально-территориальной и областной автономии и обеспечения национальных прав всех народностей на их территориях и вне их. И в проведении этих принципов залог сохранения единства России»[5].

Разумеется, на тернистом пути использования методологии, концептуального аппарата, аналитических приемов познания федерализма традиционно и устойчиво много неясности. Рациональной может быть и идея признания того, что если этнос, страна завоевали независимость, ее надо уважать и признавать. Признавать право на независимость надо, но не во всех случаях. К этому праву надо относиться и ситуативно, по обстоятельствам.

Современное понимание национальных проблем мировым сообществом зародилось под воздействием идеи «права наций на самоопределение», провозглашенного В.И.Лениным и Вудро Вильсоном, и, как следствие, опытом Лиги Наций. Вудро Вильсон, президент США, в свое время провозгласил принцип права наций на самоопределение. Потом уже Билл Клинтон три месяца уговаривал сербов, чтобы они согласились с отделением Косово. И когда сербы были против, применили к ним военную силу в виде жестоких бомбардировок. И самоопределение Косово признали законным и соответствующим международному праву. МИД РФ обратили внимание на то, что Президент США Б. Обама, оправдывая в своем выступлении в Брюсселе 26 марта 2014 г. провозглашённую в обход резолюции СБ ООН 1244 «независимость» края Косово и Метохия (Сербия), упомянул о каком-то «референдуме» по данному вопросу, якобы состоявшемся там по согласованию с ООН и соседними странами. Это утверждение Президента США, естественно, вызвало удивление, поскольку никакого плебисцита, тем более согласованного с международным сообществом, по вопросу о независимости Косово не проводилось. Решение об отделении от Сербии было принято т.н. «парламентом» в Приштине в 2008 году. Вместе с тем было подчеркнуто, что РФ согласна, что судьбоносные решения должны приниматься не келейно, а через референдум, как это было в Крыму в марте 2014 года. [6].

И для Российской Федерации придется решать сложные проблемы на поле толкования федерализма. В том числе и сразу же после вхождения в ее став Крыма, ибо сразу после внеочередной второй сессии Курултая 6-го созыва в конце марта 2014 г. председатель крымско-татарского меджлиса заявил: «Мы просим курултай дать меджлису поручение обратиться к правительствам всех государств и особенно тех государств, в составе которых национальные республики. Мы хорошо изучили конституцию РФ и тех республик, которые есть в составе РФ, и потребуем от них обеспечить право крымско-татарского народа на самоопределение».

Ситуация не из простых. И мнения на этот счет самые разные. Приведем некоторые [7]. Первый вице-премьер Совета министров Крыма Рустам Темиргалиев утверждает:

- «Уверен, здравый смысл победит необоснованные страхи, и в истории крымских татар начнется новый этап — этап развития и процветания в составе многонациональной России».

Комментарии к этому суждению *(орфография сохранена)*: «Кто им даст автономию? Россия или Украина? С кем они собираются договариваться? С ООНАми и ОБСЕ? Так они не признали отделения Крыма и референдума. С какого же перепугу будут признавать их. И в чьём составе. В составе Украины? Пусть признают. Это совершенно бесперспективно для татар, ибо реальная власть в руках России. В общем, порочный круг и сказка про белого бычка. Если они не хотят жить также, как остальной народ в Крыму: русские и украинцы, то у них один путь: уехать на Западную Украину, либо в Европу. Есть ещё один: терроризм. Но он контрпродуктивный, увы, увы. Ну не получат они весь Крым в собственность, как того хотят. Чтобы там Еврокомиссары им не обещали. Реальная власть в руках России. Вот и надо не в Турцию бегать, а договариваться с теми, с кем рядом живёшь».

Другой комментарий. Другая точка зрения: «Что запаниковали - показали пример? Татары отделятся по тому же сценарию и тем ссылкам на правовые нормы, что показала им Россия. И, считай - соединится с Турцией... Путин нажил себе ..... - головная боль только начинается. И поделом».

И еще один. «Может хватить самоопределяться? Мы все россияне и имеем счастье жить в великой стране, кому не нравиться пусть остается на Украине, а то 23 года сидели молчали, а тут голову подняли, доказывая, жили их предки на этой земле. Не одни вы жили, успокойтесь наконец, России и без вас хватает головной боли».

Характер видимых и латентных отношений в связи с федерализацией приобрел умозрительные нечеткие очертания и материализованные политические проявления, объяснить которые нельзя уже на основе только существующих политологических рефлексий и идеологических максим, связанных с предшествующей эволюцией федерализма. Федералисты всех оттенков, его идеологические и политические апологеты, сильные и слабые его сторонники для поверхностного взгляда без видимых на то оснований, кажется, даже неожиданно, стали на сторону унитаристов. При этом не отказывают себе в праве быть федеративными государственными объединениями. Приобрели и закрепили за собой историческое и политическое право быть «основателями истинных федераций», демократической федеративной государственности и такой же политики. Основали идеи на разные формы и типы федеративности. Парадокс же в том, что теперь уже «федералисты» не только декларируют всемерную поддержку идеологам и политикам унитарного мироустройства, но ведут активную пропаганду, предпринимают всеобъемлющие усилия в поддержку унитарной политики и политической элиты в странах, где федералисты объявлены не только сепаратистами, но и террористами. А унитаристы, получив поддержку от своих теоретических оппонентов, в ряде стран и регионов даже слышать не хотят, даже теоретически не допускают мысли о федерализме и возможности решения вопиющих проблем на почве федерализма и движения в сторону федеративного устройства.

Таким образом, мы имеем дело с потерей теоретических постулатов федерализма. Базовые теоретические постулаты федерализма, эволюция его сущности и содержания сегодня настолько искажены и даже извращены, что впору свидетельствовать о потере логических и политических ориентиров, о беспринципной мистификации истинных причин, почему федерализм порой приобретает значение такой острой формы политических противостояний. И может быть единственным позитивным исходом в разрешении всех других противоречий.

Считаем, что в таких условиях актуальной становится сама возможность для реабилитации и, возможно, возрождении духа теоретических постулатов, базовых оснований эволюции федерализма. А с происходящими в этом контексте событиями на (в) Украине, вхождением в состав Российской Федерации новых субъектов - Крыма и Севастополя, политической подоплеки к этому подведшей, намечается очень сложная дискуссия в Российской Федерации, среди ее политической элиты о содержании федерализма, формах новых федеративных устройств, о субъектности федерализма, роли в нем этносов, об условиях и возможностях формирования политической нации, территориальной и региональной модернизации.

Федерализм получает беспрецедентное политическое звучание в новейшей истории страны.

Литература:

[1,3]http://www.km.ru/world/2014/04/13/protivostoyanie-na-ukraine-2013-14/737266-lukashenko-vystupil-protiv-federalizatsii.

[2,3] http://www.rosbalt.ru/exussr/2014/03/28/1250049.html.

[3,4]Межрегиональный Союз местного самоуправления Украины - http://federal.org.ua/node/327.

[4,4] Федерализация Украины приведет к ее феодолизации. http://zik.ua/ru/news/2014/02/04/federalyzatsyya_ukrayni_pryvedet_k_ee_feoda lyzatsyy__genkonsul_ukrayni_458086).

[5,5] Грушевский М. Единство или распадение России? Спб.,1907. С.14-15.

[6,6] Комментарий Департамента информации и печати МИД России по поводу высказывания Президента США по Косово. // http://mid.ru/brp_4.nsf/newsline/D554E3DBB3A01D4844257CA90047F553

[7,6] Крымские татары хотят создать национально-культурную автономию. // http://www.bfm.ru/news/252540

Шакирова Л.Р.
доктор педагогических наук, профессор,
Казанский (Приволжский) федеральный университет

ПРИСУЖДЕНИЕ УЧЕНЫХ СТЕПЕНЕЙ В ДОРЕВОЛЮЦИОННЫХ УНИВЕРСИТЕТАХ

Российская система аттестации научных кадров, единственная в мире, насчитывает уже около 250 лет. В практике зарубежных стран присуждение степени доктора наук возможно лишь учеными советами университетов. Там можно услышать: "Доктор наук университета города N...". В нашей стране каждый кандидат и доктор наук принадлежит всей России. Научная общественность в диссертационных и экспертных советах анализирует диссертации, президиум Высшей аттестационной комиссии (далее – ВАК) принимает решения, а сотрудники аппарата ВАК выдают соответствующие дипломы.

События последних лет показали, что данная система, изобретенная еще в советское время, когда власть стремилась контролировать все сферы жизни, давно устарела и требует кардинального пересмотра. В СМИ обсуждаются предложения приблизить систему присуждения степеней к моделям, существующим в большинстве стран мира. Это означает постепенный переход к присуждению учёных степеней в ведущих университетах (федеральных, национальных исследовательских) и научных учреждениях (Академии наук). При этом должен сохраниться контроль со стороны государства за процедурами защиты, выполнением требований к диссертациям и т.д. То есть ученый должен получать диплом о присуждении учёной степени, в котором указано название конкретного учреждения. В зависимости от того, насколько оно авторитетно и престижно, настолько ценен будет и выданный диплом. [1]

При пересмотре процедуры присуждения ученых степеней нельзя не учитывать и отечественный опыт российских дореволюционных университетов. В XVIII – XIX веках ученые степени присуждали университеты, и только они. Первым таким правом был наделен Московский университет, в котором в 1760 – 1780 годы степень магистра философских и свободных наук получили десять человек. [2]

Уставом Казанского университета в 1804 г. вводились жесткие требования к «ищущему магистерского или докторского достоинства» [3, 12]. Кандидат должен был «представить свои сочинения, общее рассуждение в науке, о которой идет дело, о предметах оной, о ее пространстве, успехах, о настоящем ее состоянии, удобнейшем способе преподавать оную и разных писателях, лучшим образом объясняющих относящиеся к ней предметы» [3, 13]. Для соискателей магистерской и докторской степени уставом, кроме того, определялась система устных и письменных испытаний с последующим чтением магистром одной, а доктором – трех публичных лекций и с представлением диссертации для защиты в публичной собрании.

Магистры и старшие учителя гимназий, прошедшие курс в педагогическом институте при университете, через три года службы получали преимущественное право на производство в *адъюнкты* университета. Адъюнкт являлся помощником профессора в преподавании и заменял его во время отсутствия. На него была возложена обязанность чтения лекций по некоторым предметам данной кафедры, нередко – ведение практических занятий со студентами.

Устав не регламентировал организацию и порядок обучения кандидатов и магистров, передав решение этого вопроса на усмотрение директора педагогического института при университете и Совету университета, определив лишь содержание их педагогической практики. Кандидат после сдачи экзамена мог привлекаться для занятий со студентами в качестве «повторителя», или репетитора профессорских лекций. Магистр же, оставшийся при университете, обязывался «преподавать наставления студентам-кандидатам». Относительно планирования всего объема преподавания в педагогическом институте, устав возлагал эту работу на его директора, который был обязан каждые полгода представлять на рассмотрение Совета общеинститутский «план учения».

Схема занятий *кандидатов* в институте была построена следующим образом. Научные занятия планировал директор института на каждое полугодие «сообразно с индивидуальными особенностями каждого кандидата» [4, 62]. По заданию Ф.К. Броннера они письменно отвечали на предложенные вопросы или писали научные сочинения по заданным темам. Например, в июле 1813 г. он представил попечителю Казанского учебного округа письменные работы пяти кандидатов по теме «Рассуждение о призматических цветах, видимых в радуге» [4, 63].

Общие и индивидуальные занятия кандидатов персонально распределял также директор института. Они предусматривали обязательные лекции по основным предметам специальности, а также «репетиционные занятия» с профессором индивидуально. Под руководством директора института и инспектора студентов кандидаты вели «повторительные» занятия со студентами.

Учеба магистров в пединституте организовывалась профессорами по индивидуальным планам. Научные занятия включали в себя углубленное изучение магистрами трудов выдающихся ученых по избранным разделам науки и собственными исследованиями в данной области. Им поручалось проведение занятий со студентами, которые «заключались в чтении особых курсов или в повторении уже пройденных отделов науки» [4, 63], проведение занятий с кандидатами. Кроме этого они «преподавали наставления в гимназии» по своим предметам.

В 1814 г. было утверждено Положение о распределении предметов испытания на ученые степени магистра и доктора наук (кандидаты на получение этих степеней должны были сдавать экзамены по главным и вспомогательным дисциплинам). В отделении физико-математических наук распределение было следующим:

- *науки главные*: математика, физика, химия, естественная история (включая ботанику, зоологию и минералогию);

- *науки вспомогательные*: физика, начала химии и естественная история, начала математики, физики, минералогии, технологии и естественной истории.

К испытанию на ученую степень «следует допущать всякого, не взирая на время, сколько мало бы кто в какой-либо ученой степени ни состоял, лишь бы при испытании доказал потребные знания» [5, 153].

Кроме того, нехватка в стране научно-педагогических кадров вызвало необходимость открыть при Дерптском (ныне Тартуском) университете так называемый профессорский институт на 20 мест. Однако требования к поступающим были настолько жесткими (например, необходимость хорошего знания пяти языков), что желающих поступить было мало, и далеко не все места в нем были заполнены.

Через несколько лет выдающийся математик, ректор Харьковского университета Т.Ф. Осиповский обратил внимание Министерства просвещения на то обстоятельство, что по уставу каждый желающий допускается к экзамену на ученую степень по его выбору, без всякой последовательности. "Такая свобода, - говорил он, - предоставлена, без сомнения, с той целью, чтобы не останавливать хода отличным талантам, но отличные таланты редки, и этим правом в нашем университете, да вероятно и в других, пользовались более пролазы, и выходило нередко, что ученые степени приобретались чужим умом и чужими трудами" [5, 168].

Результатом данного обращения стала новая редакция «правил для производства в ученые степени» (1819), согласно которым ученые степени должны предоставляться по порядку одна за другой и интервал между получением каждой последующей должен быть не меньше трех лет. Вводилась еще одна ученая степень – *действительного студента*, которую выпускник мог получить сразу после окончания университета. Соискатели степеней кандидата, магистра и доктора должны были сдавать устные и/или письменные экзамены и защитить диссертацию. На каждую последующую степень можно было претендовать через год, два и три соответственно.

К этим усложнениям в достижении ученых степеней попечитель Казанского учебного округа М.Л. Магницкий с согласия министра просвещения в феврале 1820 года дополнительно ввел в Казанском университете обязательное правило, состоящее в том, что «никто не может быть профессором, не быв прежде доктором, и адъюнктом, не имев звания магистра, кроме россиян и иностранцев, определяемых по особенной известности в ученом свете» [4, 157].

После принятия нового устава университетов (1835 г.) снова были внесены изменения в положение «О производстве в ученые степени», повышающие требования к соискателям. По новому положению (1837 г.) изменился порядок испытаний. Для получения ученой степени магистра соискатель должен был ответить письменно на два вопроса из главных предметов испытаний и два вопроса из второстепенных, и защитить магистерскую диссертацию. Для получения степени доктора нужно было сдать экзамены по двум смежным дисциплинам (к докторским экзаменам допускались лица, имеющие уже ученую степень магистра), ответив по три вопроса в каждом, и защитить докторскую диссертацию. От магистра требовалось историческое знание предметов, от доктора - критическое.

Изменился и порядок получения профессорской должности. В отчете Казанского университета и учебного округа с 1827 по 1844 г. читаем, что «необходимо было иметь степень доктора в избранном круге познаний, удостоверить в глубокой учености и даре преподавания своими сочинениями и прочтением публичных пробных лекций и обладать обширным запасом сведений лингвистических, чтоб быть в состоянии следить за современным ходом наук на западе. Но отчасти и до введения нового устава сии требования были уже приноравливаемы к университету Казанскому и приготовили ту новую, бодрую жизнь, которая проявлялась в нем преимущественно в последние годы» [4, 114].

Экстраординарным профессором мог стать ученый, который «хотя по возрасту и не может быть ординарным профессором, но отличными дарованиями вознаграждает незрелость лет» [4, 114]. Ординарный профессор должен был иметь степень доктора наук.

Претенденты на преподавательские вакансии избирались советом университета. Для этого нужно было представить свои научные труды и прочитать три пробные лекции. Утверждал избрание попечитель учебного округа. После 25 лет службы профессору присваивалось звание заслуженного, а его кафедра объявлялась вакантной. Как государственное учреждение университет включался в общую систему чиновной иерархии. Ректор имел чин V класса, ординарный профессор - VII класса, экстраординарный профессор, адъюнкт - VIII класса. Ученые степени также давали право на чины. Выпускник, представивший диссертацию или награжденный ранее медалью за сочинение, при успешной сдаче экзаменов получал ученую степень кандидата и право на чин X класса. Остальным присваивалось звание действительного студента и чин XII класса. Выпускникам предоставлялось право поступать на службу или просить о причислении в почетное гражданство.

Однако в российских университетах в рассматриваемый период было незначительное число преподавателей, имеющих необходимую научную квалификацию и ученые степени. Так, в 1843 г. в шести университетах России преподавало всего 455 человек. В Казанском университете за 16 лет до 1843 г. не было присвоено ни одной ученой степени доктора и лишь 4 степени магистра. За 10 лет с 1834 г. в Петербургском университете диссертации на соискание ученой степени доктора защитили 15 человек, на степень магистра – 11. [4]

Попыткой изменить сложившуюся ситуацию стало Положение 1844 г. о производстве в ученые степени. Степень действительного студента была упразднена. Остались три степени: кандидата, магистра, доктора. По этому положению предусматривалось более быстрое достижение каждой последующей степени. Так, степень кандидата могла быть получена сразу после окончания университета, если он окончен на «отлично», степени магистра и доктора - через год после предыдущей (по прежнему положению 1819 г. - через 2 и 3 года, соответственно). Степень магистра по новому положению присваивалась по трем направлениям (математике, астрономии и физике), а степень доктора - по двойным направлениям - математики и астрономии; физики и химии.

Порядок испытаний и присвоения степени кандидата и магистра оставался прежним. Изменилась процедура получения степени доктора. Соискатель еще до устных и письменных экзаменов должен был представить диссертацию на совете факультета. Только после одобрения ее советом соискатель допускался к испытаниям. При испытаниях на степень доктора предметы не разделялись на главные и второстепенные. Соискатель должен был сдать испытания по установленному перечню предметов. Окончательное право присвоения ученой степени доктора принадлежало министру просвещения.

Во второй половине XIX века в России осталось две ученые степени: магистр наук и доктора наук. Причем ученая степень магистра была весьма значительной, ответственной. Выпускника по рекомендации известного ученого оставляли в университете для подготовки к профессорскому званию на два года.

Однако в то время не было ни специальных занятий научного руководителя с «оставленным при университете для приуготовления к профессорскому званию», ни семинарских часов, ни предварительно разработанных детальных планов: «оставленный при университете» по мере необходимости обращался к своему профессору, у которого он был оставлен, за объяснением отдельных вопросов. Не было не только определенных программ, но даже и уточненного списка литературы: каждый профессор, у которого ученик должен был сдавать соответствующий магистерский экзамен, называл довольно много трактатов, монографий, отдельных статей и учебников, главным образом, классические труды иностранных авторов, не указывая даже приблизительно на те вопросы, на которые следует обратить особое внимание, и на которые можно ожидать вопросы на экзамене. Соискатель должен был изучить обширный список литературы, тем самым приобретая глубокие знания по основной и смежным наукам и, главное, навыки самостоятельной деятельности по приобретению знаний. Экзамен на степень магистра принимала комиссия, состоящая из всех профессоров факультета, длился каждый такой экзамен один - два дня [5, 148]. Затем проводилась публичная защита написанной им диссертации на ученом совете университета в актовом зале. Защита проводилась в форме активной научной дискуссии, в которой принимали участие специально назначенные научные оппоненты и другие ученые, приходили студенты, просто образованные граждане, ибо тема и дата защиты публиковались заранее в местной прессе. После получения ученой степени магистра можно было участвовать в конкурсе на звание и должность приват-доцента, а иногда - профессора. Но это исключение из правил, согласно которым для получения должности профессора необходимо было быть доктором наук. В докторской диссертации обычно были представлены настоящие открытия, решение крупных научных проблем. Зачастую соискатели ученой степени доктора наук имели десятки публикаций в "Известиях..." того или иного университета или Академии наук в России или за рубежом, а также монографии.

Устав 1863 г. требовал, чтобы претендент на кафедру имел степень доктора по соответствующему разделу науки. Адъюнкты введенным уставом были заменены *доцентами*. Новый устав предоставил возможность университетам самостоятельно утверждать ученые степени соискателей, а также без испытаний утверждать в ученой степени докторов лиц, приобретших известность своими учеными трудами.

По новому Положению об испытаниях на ученые степени (1864) ученые степени присваивались факультетами: историко-филологическим, физико-математическим, юридическим и иностранных языков. Магистерская и докторская степени присваивалась по 39 научным специальностям.

Во второй половине XIX века существовало требовательное отношение к научной компетенции магистра наук, что отразилось в содержании и структуре комплекса экзаменов, сдаваемых по окончании магистратуры перед публичной защитой магистерской диссертации (табл. 1) [4, 246 – 247].

Таблица 1

Предметы экзаменов на степень магистра по физико-математическому факультету Казанского университета

Разряды магистров	Главные предметы	«Вторые» предметы
Чистой	Чистая математика	Прикладная математика,

математики		теория вероятностей
Прикладной математики	Прикладная математика	Чистая математика, теория вероятностей, практическая механика
Астрономии	Астрономия, геодезия	Чистая математика, аналитическая механика
Физики	Физика	Чистая математика, аналитическая механика, физическая география
Химии	Химия	Опытная физика, кристаллография
Минералогии и геогнозии	Минералогия и геогнозия (геология), палеонтология	Аналитическая химия, опытная физика
Физической географии	Физическая география	Опытная физика, ботаника, зоология, геогнозия
Ботаники	Ботаника описательная и анатомия растений, палеонтология растений	Химия или зоология на выбор
Зоологии	Зоология описательная, сравнительная анатомия, физиология и палеонтология животных	Химия или ботаника на выбор
Технологии	Технология химическая или механическая	Химия и практическая механика
Сельского хозяйства	Агрономическая химия, земледелие, лесоводство, скотоводство	Физиология животных и растений, метеорология

Новое положение отменило экзамены для соискания ученой степени доктора наук, от них требовалось лишь представление диссертации и публичная защита. Между тем оно предусматривало повышение требований к качеству магистерских и особенно докторских диссертаций. Последние должны были представлять собой самостоятельное исследование какого-либо научного вопроса или "обширное исследование предмета магистерской диссертации, не допуская ее повторения". По новому положению диссертацию можно было заменить самостоятельным сочинением, написанным даже не с целью получения ученой степени.

Положением предусматривалось более тщательное изучение представленных диссертаций на соискание ученой степени магистра и доктора наук "всеми членами факультета, порознь" в срок не более шести месяцев. Было установлено также назначение не менее двух официальных оппонентов. Решение факультета о присуждении ученой степени представлялось на утверждение Совета университета.

Введение нового устава и положения способствовало росту числа защищаемых диссертаций. Так, за период с 1863 по 1874 г. степень доктора в российских университетах получили 572 человека, магистра – 280, из них на физико-математических факультетах ученую степень доктора получили 112 человек, магистра - 139. [5]

Новый устав, не меняя количества и порядка получения ученых степеней (кандидата, магистра, доктора), внес изменения в должностные звания и условия их достижения. Введение в число преподающих в университете приват-доцентов, которыми могли быть и кандидаты, представившие и публично защитившие диссертацию, имело целью оживить университеты постоянным притоком новых свежих сил. Появление в среде преподавательского состава неограниченного числа приват-доцентов, несомненно, должно было внести в эту среду дух конкуренции, устранить всякий повод к недовольству студентов преподавателями, предоставив им возможность выбора последних.

С 1863 г. функционировал институт профессорских стипендиатов. Сущность его состояла в том, что лица, желающие посвятить себя преподаванию или научной деятельности, после успешного окончания университетского курса оставлялись при университете или направлялись в другой университет для подготовки к сдаче магистерских экзаменов, написания и защиты диссертаций на степень магистра, а затем доктора наук. Каждый стипендиат прикреплялся к одному из профессоров, который нес ответственность за его подготовку, предусматривалась ежегодная аттестация стипендиатов, университеты получили право по своему усмотрению увеличивать сроки их обучения.

Основной недостаток подготовки профессорских стипендиатов заключался в очень низких стипендиях, что не давало возможности уделять необходимое время подготовке к магистерским экзаменам и тем более написанию диссертации, т.к. большинство стипендиатов вынуждено было искать дополнительный заработок для обеспечения своего существования. Недостаточным был и двухгодичный срок подготовки.

Оставленные при университете для подготовки и получения профессорского звания студенты находились под наблюдением профессоров, которые сверх обычных лекций уделяли время для особых занятий с кандидатами. Соискатели посещали лекции по избранным предметам и практические занятия.

За первые сто лет существования Казанского университета в нем защитили диссертации и удостоены степени доктора наук 227 чел., магистра - 138 чел. Средний возраст лиц, защитивших докторскую диссертацию за этот период, составил 34,2 года, магистра - 28,4 года (по физико-математическим наукам 33 и 29 лет соответственно). В возрасте до 30 лет удостоены степени доктора наук 32 человека, из них по математике: Э.П. Янишевский (26 лет), И.С. Громека (30 лет), ученик Н.И. Лобачевского А.Ф. Попов (30 лет).

Для сравнения приведем данные о среднем возрасте лиц, защитивших диссертации и удостоенных ученой степени кандидата наук в Казанском университете в 1980 г. Он повысился на пять лет и составил по университету 33,4 года, в том числе по физико-математическим наукам - 31,9 года. Средний возраст докторов наук, защитившихся в течение 1972 - 1980 гг. по университету составил 43,6 года (почти на 10! лет старше), по физико-математическим наукам - 44,2 года. Средний возраст женщин, удостоенных степени кандидата в 1980 г. составил 35,5 лет, степени доктора - 39 лет.

В конце XIX века современники отмечали «упадок в обществе интереса к чистой науке, вследствие чего длинный предварительный путь, полный серьезной работы, не представляется особенно заманчивым... Вообще профессура потеряла тот ореол, которым она была окружена некогда» [5, с. 84].

В XIX веке ученые степени присваивались только в университетах, ибо именно в них развивались естественнонаучные и социально-гуманитарные области знания. Однако научные школы в этих областях могли складываться и в профессиональных вузах (математика, механика, физика, химия в дореволюционных российских политехнических институтах преподавалась выдающимися учеными на высоком уровне), но защиты по этим дисциплинам проводились только в классических университетах. Такая традиция сохранилась во многих странах мира.

Литература

1. Каменский А.Б. Присуждать ученые степени должны ведущие вузы. Национальное агентство РИАНОВОСТИ. 13.02.2013. Эл.ресурс: http://ria.ru/society/20130213/922628721.html (дата обращения 15.03.2013)

2. Митяева А.М. Развитие системы многоуровневого высшего образования в России и за рубежом // Образование и общество. – 2006. – № 2 / электронный ресурс: http://www.jeducation.ru/2_2006/20.html (дата обращения 16.02.2013).

3. Устав Императорского Казанского университета. – Казань, 1804 г.

4. Шакирова Л.Р. Казанская математическая школа, 1804 – 1854. – Казань: Изд-во Казанск. ун-та, 2002. – 284 с.

5. Шакирова Л.Р. Математическое образование в университетах России. XIX век. – Казань: Изд-во Казанск. ун-та, 2005. – 302 с.

Ляпустина В.В.
магистрант 1 г.о ФГБОУ ВПО «Астраханский государственный университет»
Ляпустина Л.В.
магистрант 1 г.о ФГБОУ ВПО «Астраханский государственный университет»
lyubashalyap@mail.ru
Тарасова И.В.
кандидат психологических наук, доцент кафедры СПП

РЕКЛАМА КАК СПОСОБ РЕШЕНИЯ СОЦИАЛЬНЫХ ПРОБЛЕМ

Одним из основных информационных потоков в современном мире является реклама. Рекламная информация по силе воздействия практически не имеет себе равных – она формирует мнение , настроение и поведение отдельного человека, групп людей или всего социума, необходимого рекламодателю, т.е. изначально построена так, чтобы максимально влиять на сознание человека.

Анализ современных тенденций развития коммуникации показывает, что специалисты в рекламной сфере все чаще обращаются к такому инструменту, как социальная реклама. Это связано прежде всего с тем, что в условиях все более усложняющегося современного общества, реклама играет важную роль в функционировании его социальной сферы, и именно социальная реклама должна объективноb и достоверно информировать людей о социальных процессах, проблемах и способов их решения.

Социальная реклама – это вид распространяемой некоммерческой информации, направленной на достижение государством или органами исполнительной власти определенных социальных целей. Основным источником появления социальной рекламы является общественная жизнь, в которой имеют место быть конфликтные ситуации и противостояния на уровне социальных групп.[1, 209]

Термин социальная реклама, являющийся дословным переводом с английского public advertising, используется только в России. А во всем мире ему соответствуют понятия общественная реклама и некоммерческая реклама. «Некоммерческая реклама – реклама, спонсируемая некоммерческими институтами или в их интересах и имеющая целью стимулирование пожертвований, призыв голосовать в чью-либо пользу или привлечение внимания к делам общества» [2, 212].

Социальная реклама использует: телевизионные ролики, печатная, уличная, транспортная реклама и т.д. Цель социальной рекламы – изменить отношение общественности к какой-либо социальной проблеме. Например, целью ролика социальной рекламы на тему реабилитации инвалидов с помощью нетрадиционных методов, является привлечение внимания к данной проблеме, а в стратегической перспективе – изменение поведенческой модели общества. Отсюда можно сделать вывод, что основными задачами социальной рекламы являются:

- гуманистическая;
-образовательная;
- созидательная;

В социальной рекламе можно выделить следующие основные темы:

- борьба с пороками и угрозами,
- предупреждение катастроф или нежелательных последствий,
-формирование представлений о ценностях: здоровье, работа , семья, заработок , личное счастье, безопасность и т. д.
- созидание. Основываются на стремлениях достижения социальных и индивидуальных идеалов.

Социальная реклама - это диалог между человеком и проблемой, диалог между личностью и социумом. Она помогает человеку выйти из круга таких проблем, как наркомания, бедность, беспризорность, инвалидность, проституция и многие другие, и оглянуться на окружающий его мир. Именно в социальной рекламе, оказывающей реальное влияние на жизнь людей, должны быть широко представлены более сильные возможности человека в борьбе с недугом.

Список литературы

1. Основы рекламы. Конспект лекций. – Ростов н/Д: «Феникс», 2005. – 224 с.
2. Словарь-справочник по социальной работе. – М.,1997. – 412 с.

Ценюга С.Н.
доктор педагогических наук, профессор кафедры педагогики
Красноярского государственного педагогического университета им. В.П.
Астафьева, serzen1958@yandex.ru;
Романова Е.А.
кандидат исторических наук, доцент кафедры гуманитарных и общих
дисциплин Красноярской государственной академии музыки и театра;
Ценюга И.Н.
кандидат исторических наук, доцент кафедры отечественной истории
Красноярского государственного педагогического университета им. В.П.
Астафьева, irina.tsenyuga@yandex.ru;
Корытько Ю.С.
тьютер Красноярского государственного педагогического университета им.
В.П. Астафьева

НАЧАЛЬНОЕ ПРОФЕССИОНАЛЬНОЕ ОБРАЗОВАНИЕ В ЕНИСЕЙСКОЙ ГУБЕРНИИ В ПЕРВЫЕ ГОДЫ СОВЕТСКОЙ ВЛАСТИ В НАЧАЛЕ 1920-Х ГГ.

Унаследованные советской властью от царской России учреждения начального профессионального образования нуждались в коренном реформировании. Первым шагом в этом направлении стало создание в ноябре 1917 г. Государственной комиссии по просвещению, в которой первоначально возобладала линия на слияние профессиональных училищ с общеобразовательной школой, но позднее она была признана ошибочной. В Сибири непосредственное руководство учреждениями начального профобразования было возложено на Сибирский отдел народного образования (СибОНО), в недрах которого был создан отдел Сибпрофобра, подчинявшийся так же и Главпрофобру. В подчинении СибОНО находились губернские отделы народного образования, внутри которых также создавались специальные подразделения по руководству учреждениями профобразования.

Первые школы ФЗО (фабрично-заводского обучения) в Енисейской губернии начали функционировать уже с октября 1920 г. в Красноярске, Ачинске, Боготоле и уездах Красноярского края. Одна из первых школ ФЗУ была создана в январе 1921 г. при судоремонтных мастерских Красноярского затона [3,160]. Воспитанием рабочей смены занимались старые капитаны енисейского флота. ФЗУ было призвано готовить для Енисейского речного пароходства специалистов низшего звена: матросов, рулевых, жестянщиков, кузнецов, кочегаров, такелажников, столяров, плотников, машинистов, лебедчиков. Коллектив речников неплохо принимал молодых рабочих, однако, только за счет выпускников этой профшколы не удавалось удовлетворить постоянно возрастающие потребности флота. Еще одним источником пополнения низшего состава специалистов пароходства и повышения их профессионально-технической подготовки были команды местных судов, прикомандированные к пароходам, переведенным на Енисей из пароходств других водных систем.

В октябре 1921 г. Губком РКП(б) обследовал Красноярские железнодорожные мастерские и установил, что большинство пришедших рабочих нуждались в организации профессионального обучения. В 1922 г. на базе главных железнодорожных мастерских была создана одна из первых в городе школ ФЗО. Обучалось в ней 108 человек по профессии слесарь-паровозник. Учебные группы комплектовались из подростков, учеников, работающих в цехах завода [1, 96].

Наряду со школами ФЗУ в губернии налаживались и другие формы технического образования: курсы для мастеров и старых рабочих, учебно-показательные мастерские, студии, школа рабочих подростков, бригадное и индивидуальное ученичество. В 1921 г. их уже было 1350, а число учащихся достигло 67 тысяч [4, 253]. При всех положительных сторонах функционирования учебных заведений этого типа имелись и отрицательные: неудовлетворительные социально-бытовые условия проживания учащихся, низкая заработная плата и несвоевременное и незначительное повышение уровня квалификации, низкая мотивации учащихся к занятиям и нарушение дисциплины. Опоздания, прогулы занятий, воровство, пьянство, оскорбления инженерно-технических работников, использование ненормативной лексики, азартные игры во время занятий были достаточно распространенным явлением.

К 1923 г. в были достигнуты ощутимые успехи в хозяйственном развитии губернии, что позволило увеличить финансирование образования. Стала расти сеть школ, улучшалось положение учителей и преподавателей, пайковое и вещное снабжение учащихся. Особо важно отметить, что в структуре школьной сети наметился рост семилетних и средних школ, ориентированных на трудовое обучение. Так, с 1923-1924 уч. г. в Ачинском, Канском, Красноярском, Минусинском уездах формируется сеть школ повышенного типа: школы крестьянской молодежи (ШКМ) с трехлетним сроком обучения и семилеток в сельской местности. Базой для них являлись школы I-й ступени. К 1927 г. их общее число достигло 21. В них обучалось 1889 учащихся и преподавало 109 преподавателя [2, 29]. В 1928-1929 уч. г. начали работу Сухобузимская, Новоселовская, Казачинская, Большемуртинская, Даурская, Пировская и Балахтинская школы крестьянской молодежи. Они были призваны готовить из сельской молодежи активных проводников аграрной политики партии на селе. Помимо общеобразовательных предметов в объеме семилетки программа таких школ включала блок (концентр) сельскохозяйственных знаний. В качестве основных общеобразовательных учебных заведений на селе они просуществовали до 1934 г.

В Красноярске и уездных городах с 1925 г. начали открываться школы семилетки для рабочей молодежи (ФЗС) и вечерние школы рабочей молодежи (ШРМ). Для удовлетворения потребностей в квалифицированных кадрах в Красноярске и уездах губернии большое распространение получило производственное обучение непосредственно на производстве (ПВРЗ, депо, механический завод, лесозаводы, конезаводы, фабрика "Спартак", электростанция, пароходство, типография, ряд мелких предприятий, кустарная промышленности). Если в 1920 г. в губернии работало 43 начальных профшколы с 2 тыс. обучающихся, то к 1925 г. их число увеличилось до 927, а учащихся до 88 тысяч [ГАКК. Ф. 137, Оп. 1. Д. 5, Л. 2].

С 1925 г. страна взяла курс на индустриализацию. Школы ФЗУ, ориентированные на подготовку рабочего-универсала, не могли удовлетворить новые потребности промышленности. Началось укрупнение профтехшкол и расширение их сети, упорядочение учебных планов и программ, перечня подготавливаемых профессий, сроков обучения, развернулась борьба за повышение экономичности подготовки рабочих. Большинство этих школ и училищ появилось вместо школ фабрично-заводского ученичества (ФЗУ) с использованием их учебно-материальной базы, приглашением на работу мастеров и преподавателей, имеющих опыт практического обучения и воспитания молодых рабочих. Сроки обучения определялся от 3-х до 6-и месяцев. Для прохождения производственного обучения и практики всем училищам были определены персональные базовые предприятия с присвоением номера. Так, например, ремесленное училище № 1 Красноярска было закреплено за машиностроительным заводом; Красноярское РУ № 2 - за Красноярским судостроительным заводом и т.п.

Несмотря на государственное финансирование учебных заведений системы трудовых резервов, средств для создания материально-технической базы катастрофически не хватало. Например, в Боготольском железнодорожном училище на сто рабочих мест не было ни одного сверлильного станка. Многие училища испытывали большой дефицит педагогических кадров. Тем не менее, ФЗУ отличались от существовавших ранее учебных заведений системы НПО тем, что в них давалась более основательная теоретическая и практическая подготовка, благодаря централизованному контролю за учебно-методической работой, единым учебным планам и программам. Государство брало на себя обязательства и по содержанию учащихся. Они обеспечивались общежитиями, питанием, формой, учебниками. Конечно, качество питания, жилья было весьма скромным, а за частую и просто недостаточным. В докладных записках исполкома отмечалось, что молодежь, на цемзаводе была помещена в необорудованные брезентовые палатки. Девочки и мальчики жили вместе. Постельными принадлежностями ученики обеспечены не были, не было и прачечных. В результате у ребят появились вши. Только после массовых побегов с завода дирекция расселила подростков в бараки. На заводе № 4 большая часть учащихся не имела обуви и поэтому срывала выход на работу. В ремесленном училище № 3 вообще не выдавали табельного обмундирования (гимнастерки, бушлаты, ботинки и т.д.). Учащиеся были вынуждены донашивать домашнюю одежду, которая зачастую была постоянной и на производстве и вне него. В общежитии школы ФЗО № 30 комнаты, где жили ученики, не были даже оштукатурены. Потолки не обшиты, окна не остеклены, двери выбиты. Жилье не освещалось. Однако, учитывая крайне низкий общий уровень жизни довоенного советского, эти гарантированные государством блага, для многих семей были жизненно важны.

Литература

1. Мезит Л.Э. Красноярье: пять веков истории. Учебное пособие по краеведению. Часть II. Красноярск, изд-во Платина, 2006. Гл 1–3.

2. МезитЛ.Э. История Красноярского края 1917-1940 гг. Красноярск, 2002.

3. Ценюга, Ю. С., Ценюга С.Н. К вопросу о становлении системы специального образования в Приенисейском крае в XX веке / Ю. С. Ценюга, С. Н. Ценюга // История науки и образования в Сибири : сборник материалов Всероссийской научной конференции с международным участием, г. Красноярск, 15-16 ноября 2005 г. / Рос. гуманит. науч. фонд, Адм. Краснояр. края, ГОУ ВПО "Краснояр. гос. пед. ун-т им. В. П. Астафьева" ; [отв. ред. Я. М. Кофман]. - Красноярск : КГПУ, 2006. - 402, - С .159-162

4. Ценюга С.Н. Методическое обеспечение педологических обследований в учебных заведениях Советской России (1918- сер. 30-х гг.). // Вестник КрасГАУ. – Красноярск, 2007.- № 5(20) – С. 251-263.

5. Шилов, Александр Иванович. Подготовка учителей для начальной средней школы в Восточной Сибири конца XIX - начала XX вв. / А. И. Шилов, Н. В. Шилова //История науки и образования в Сибири : сборник материалов Всероссийской научной конференции с международным участием, г. Красноярск, 15-16 ноября 2005 г. / Рос. гуманит. науч. фонд, Адм. Краснояр. края, ГОУ ВПО "Краснояр. гос. пед. ун-т им. В. П. Астафьева" ; [отв. ред. Я. М. Кофман]. - Красноярск : КГПУ, 2006. - 402, . - С .111-116.

Балганова Е.В.
Сибирский институт управления – филиал федерального государственного
бюджетного образовательного учреждения
высшего профессионального образования
«Российская академия народного хозяйства и государственной службы при
Президенте РФ», Новосибирск
Музыченко Е.А.
к. пед. наук, доцент,
Сибирский институт управления – филиал федерального государственного
бюджетного образовательного учреждения
высшего профессионального образования
«Российская академия народного хозяйства и государственной службы при
Президенте РФ», Новосибирск

СРАВНЕНИЕ ОБРАЗОВАТЕЛЬНЫХ СТАНДАРТОВ В СФЕРЕ УПРАВЛЕНИЯ ПЕРСОНАЛОМ

Последние годы одним из главных приоритетов нашего государства является максимальное сближение двух сфер – образования и труда, заинтересованных в подготовке компетентных специалистов, соответствующих требованиям инновационного развития экономики. В связи с этим государством предпринят ряд действий по модернизации системы высшего профессионального образования. В первую очередь, речь идет о вхождении России в Болонский процесс, о создании условий уровневой модели подготовки кадров, о разработке новых образовательных и профессиональных стандартов по областям деятельности с участием объединений работодателей, о переходе на кредитно-модульную структуру подготовки, о создании инновационной среды для интеграции образовательной, научной и практической деятельности [1]. В 2011 году российские вузы начали осуществлять обучение по основным образовательным программам бакалавриата, в формировании которых, на основании образовательного стандарта 2010 года, приняли участие объединения работодателей.

В целях дальнейшего совершенствования системы образования, с учетом требований инновационной экономики, Президентом РФ в 2012 году изданы указы, ставшие отправной точкой для развития отраслевой системы квалификаций в области образования, в том числе формирования новых профессиональных стандартов. Помимо очевидных задач, таких, как увеличение финансирования научно – исследовательской работы вузов и размеров стипендий, в этих документах перечислены меры, призванные дать толчок решению системных проблем отечественного образования [2,3].

К концу 2014 года планируется совершенствование нормативной правовой базы, регламентирующей разработку профессиональных стандартов и их применения. Это затронет, во-первых, макет профессионального стандарта и уровни квалификации, во-вторых - правила разработки, утверждения и применения профессиональных стандартов, а также будут разработаны методические рекомендации по организации экспертизы и проведению профессионально-общественного обсуждения проектов профессиональных стандартов и по применению профессиональных стандартов.

На сегодняшний день обучение специалистов по работе с персоналом в образовательных учреждениях осуществляется по двум основным образовательным программам: для лиц, зачисленных до 31.12.2010 и завершающих обучение в 2015 году (очная форма обучения), в 2016 году (очно-заочная и заочная формы) - на основе Государственного образовательного стандарта высшего профессионального образования [4]; для лиц же, зачисленных позднее - на основе Федерального государственного образовательного стандарта высшего профессионального образования [5]. Однако, в связи с тем, что сегодня научно-педагогическим сообществом обсуждается проект нового Федерального государственного образовательного стандарта высшего образования [6], становится актуальным рассмотрение тенденций развития стандартов образования на примере сопоставления структур и содержания данных образовательных стандартов (рис.). Несмотря на принципиальные изменения в подходе к построению системы высшего образования в нашей стране, согласно рассмотренной схеме, содержание ГОС ВПО 2000 г., так или иначе, нашло своё отражение в стандартах третьего поколения, хотя и было видоизменено, дополнено новым содержанием, а в ряде случаев и новым смыслом.

Обращаясь к структуре рассматриваемых стандартов, мы видим их сходство в делении на основные определяющие разделы: характеристики специальности (профессиональной деятельности); требования к структуре и содержанию основной образовательной программы (ООПП, ООПБ) и программы бакалавриата (ПБ); требования к уровню подготовки выпускника; требования к условиям разработки и реализации ООПП (ООПБ, ПБ); сроки освоения и трудоёмкость ООПП (ООПБ, ПБ). Но, несмотря на кажущуюся, на первый взгляд, структурную однородность, прослеживаются кардинальные изменения в подходе к организации образовательного процесса вуза.

Рассматривая первый раздел стандартов, мы видим переход от узкоспециализированного подхода к обучению (ГОС), к обучению по направлению деятельности (ФГОС-2010), а учитывая особенности ФГОС-2014, – к делению направления деятельности на академическую и прикладную части.

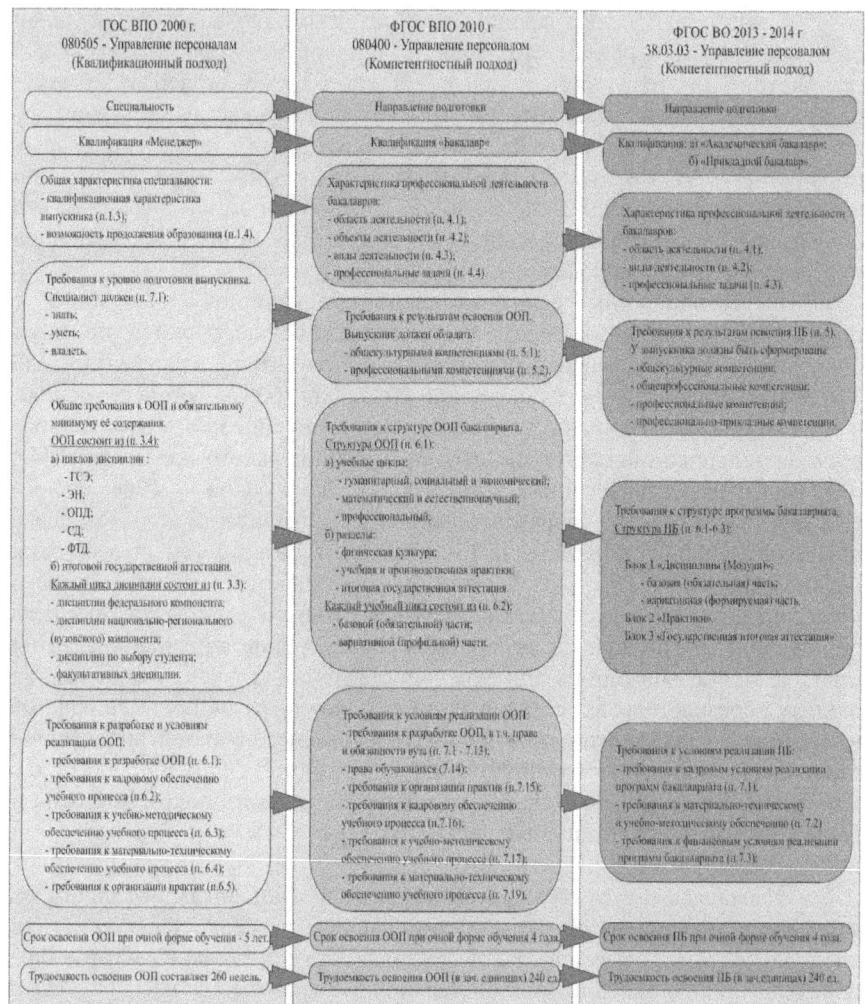

Рисунок – Соотношение изменений структуры и содержания образовательных

стандартов

В разделе, отражающем требования к структуре и содержанию ООП (ООПБ, ПБ), очевидно изменение подхода к принципу подбора дисциплин, необходимых для достижения установленного результата. Так, ГОС делит циклы дисциплин на федеральный, региональный (вузовский) компоненты, ФГОС-2010 предусматривает изучение учебных циклов, имеющих базовую (обязательную) и вариативную (профильную) части, а при рассмотрении ФГОС-2014 мы наблюдаем тенденцию наделения образовательных учреждений большими правами по разработке и реализации программ бакалавриата, в зависимости от направления деятельности вуза и потребностей регионального рынка труда.

Есть и значительные отличия в образовательном результате рассматриваемых стандартов. Если требования к уровню подготовки выпускника по специальности ГОС предусматривают формирование знаний, умений и навыков, то в качестве результата освоения ООПБ ФГОС-2010 определен довольно большой круг компетенций двух видов – общекультурных (ОК) и профессиональных (ПК). Стандарт же 2014 года, в связи с применением квалификаций «академический» и «прикладной» бакалавр, предусматривает деление формируемых компетенций на общекультурные (ОК), общепрофессиональные(ОПК), профессиональные (ПК) и профессионально-прикладные (ППК), при этом структурируя их по видам деятельности бакалавра.

Также особенностями новых стандартов являются использование зачетных единиц в качестве меры трудоемкости образовательных программ, включающих все формы учебной работы (аудиторную и самостоятельную работы, практики, текущую и итоговую аттестацию и т.п.).

Если, в целях качественной разработки и реализации ООПБ стандарт 2010 года потребовал применения в учебном процессе активных и интерактивных форм проведения занятий, в рамках учебных курсов (необходимость встреч с представителями российских и зарубежных компаний, государственных и общественных организаций, мастер-классов экспертов и специалистов), то ФГОС-2014 большую часть требований направил на эффективное использования существующих возможностей телекоммуникационных сетей для организации учебного процесса, в том числе дистанционного, индивидуального неограниченного доступа обучающегося к хранилищам электронных библиотек и электронной информационно-образовательной среде, а также обучение инвалидов.

Резюмируя выше изложенное отметим, что с учётом предстоящего введения нового стандарта высшего образования, произошло окончательное закрепление компетентностного подхода в организации образовательного процесса в вузах, а также признана необходимость реагирования на потребности регионального рынка труда, заключающаяся в разделении программ бакалавриата, по итогам освоения которых присваиваются квалификации «академический бакалавр» и «прикладной бакалавр».

Изменения, произошедшие в стандартизации высшего образования, требуют качественно нового подхода к процессу формирования компетенций в целях соответствия уровня подготовки выпускника требованиям работодателей, отражённых, как правило, в действующих профессиональных стандартах.

Однако для того, чтобы применить стандарты профессиональной

деятельности как основы построения образовательных программ, необходимо обеспечить их сопряжение с образовательными стандартами, описывающими требования к специалисту в форме компетенций. При этом, отметим, что четкая позиция государства в области применения профессиональных стандартов, в настоящий момент не сформирована, и поручения Президента и Правительства на разработку профессиональных стандартов не подкреплены ясным механизмом их применения в системе профессионального образования [7].

Список литературы

1. Комплекс мероприятий по реализации приоритетных направлений развития образовательной системы Российской Федерации на период до 2010 года» [Электронный ресурс] : утв. Приказом Минобрнауки РФ от 15.06.2005 № 178. – Доступ из справ.-правовой системы «КонсультантПлюс». – Режим доступа : http://www.consultant.ru.

2. Указ Президента РФ от 07.05.2012 № 599 «О мерах по реализации государственной политики в области образования и науки» [Электронный ресурс]. – Доступ с официального интернет-портал правовой информации. – Режим доступа : http://www.pravo.gov.ru, свободный (дата обращения 02.04.2014).

3. Указ Президента РФ от 07.05.2012 № 597 «О мероприятиях по реализации государственной социальной политики» [Электронный ресурс]. – Доступ с официального интернет-портал правовой информации. – Режим доступа : http://www.pravo.gov.ru, свободный, (дата обращения 02.04.2014).

4 Государственный образовательный стандарт высшего профессионального образования по специальности 080505 – «Управление персоналом», (квалификация – «Менеджер»), утвержденный приказом Министерства образования РФ от 17.03.2000 г. № 279 эк/сп

5. Федеральный государственный образовательный стандарт высшего профессионального образования по направление подготовки 080400 – Управление персоналом (квалификация (степень) «Бакалавр»), утвержденный приказом Министерства образования и науки РФ от 24.12.2010 г. № 2073

6. Проект Федерального государственного образовательного стандарта высшего образования по направлению подготовки 38.03.03 Управление персоналом (уровень бакалавриата)

7. Профессиональные стандарты как инструменты сопряжения деятельности системы профессионального образования с требованиями рынка труда / Федер. ин-т развития образования ; [А. Н. Лейбович и др.]. - Москва : ФИРО, 2013. - 72 с. - (Аналитические обзоры по основным направлениям развития высшего образования, вып. 7. Содержание, формы и методы обучения в высшей школе).

Смирнова М.А.
к.п.н., заведующая кафедрой общей физики и методики
преподавания физики факультета математики, физики и информатики
Сахалинского государственного университета
ms509@mail.ru

ДИДАКТИЧЕСКИЕ ВОЗМОЖНОСТИ ПРОЕКТНОЙ ДЕЯТЕЛЬНОСТИ В ФОРМИРОВАНИИ ПОЗНАВАТЕЛЬНОЙ АКТИВНОСТИ

Введение Федеральных государственных стандартов в общеобразовательные школы России заставило учителей задуматься: как сделать новые стандарты доступными для учеников и родителей? Смена парадигмы образования со «знаниевой» на системно-деятельностную, определяет перенос акцента в образовании с изучения основ наук на развитие универсальных учебных действий. В основу разработки новых стандартов положена целевая установка, предусматривающая переход от «догоняющей» к «опережающей» модели развития российского образования, а так же к стратегии социального проектирования и конструирования на основе системно-деятельностьного подхода. Возникла необходимость поиска новых форм и способов организации образовательного и воспитательного процессов, с помощью которых можно достичь новых образовательных результатов. Одной из таких форм является проектная деятельность в виде творческих заданий или специально созданной системы проектных задач, через которые стимулируется система детских действий, направленных на получение еще никогда не существовавшего в практике ребенка результата (продукта). Вторая не менее эффективная форма организации деятельности учащихся - исследовательская. Умения и навыки исследовательского поиска необходимы не только тем, кто занимается научной работой, они нужны каждому человеку. Универсальные навыки исследовательского поведения требуются в различных жизненных ситуациях, так как изменения, происходящие в современном обществе, предполагают решение многочисленных, порой неожиданных задач. Их эффективнос выполнение невозможно без определенного опыта деятельности по поиску новых подходов к решению проблемы, прогнозированию действий, проведения анализа результатов. Таким образом, проектная и исследовательская деятельности развивают логическое мышление, обеспечивают максимальную эффективность развития учащихся на каждой ступени обучения, позволяют преодолеть рутину повседневности, сделать учёбу интересной, расширить кругозор ребёнка, повысить его культурный уровень, подготовить его поступление в вуз, а самое главное, стимулировать интеллектуальную активность, а вместе с ней – учебную деятельность.

Идеи проектного обучения в настоящее время приобретают все большую популярность. В основе проектного обучения лежит метод творческих проектов, включение обучающихся в проектную деятельность. *Проектная деятельность школьников* - форма учебно-познавательной активности школьников, заключающаяся в мотивированном достижении сознательно поставленной цели по созданию творческого проекта, обеспечивающая единство и преемственность различных процессов обучения и являющаяся средством развития личности субъекта обучения. Однако внедрение проектной деятельности в школьную практику временами наталкивается на определенные трудности. Учебное исследование имеет целью приобретение учащимися навыка исследовательской деятельности, освоения исследовательского типа мышления, формирования активной позиции в процессе обучения. Такая работа имеет большое сходство с проектом. Однако в данном случае исследование – это лишь этап проектной работы.

Главным отличием проектных работ от других видов учебной деятельности является то, что в результате совместной деятельности учащиеся не просто получают новые знания, а создают какой-либо учебный продукт, материальный результат труда. Результат выполненных проектов должен быть «осязаемым», т. е. если решалась теоретическая проблема, то должно последовать ее конкретное решение, если ставилась практическая задача – то конкретный результат, готовый к внедрению.

Наиболее существенными особенностями проектной деятельности являются ее диалогичность, проблемность, интегративность, контекстность.

Диалогичность позволяет учащимся, в процессе выполнения проекта, вступать в диалог как с собственным Я, так и с другими.

Проблемность возникает при разрешении ситуации, которая обуславливает начало активной мыслительной деятельности, проявлений самостоятельности у учащихся, вследствие того, что они обнаруживают противоречие между известным им содержанием и невозможностью объяснить новые факты и явления. Решение проблемы нередко приводит к оригинальным, нестандартным способам деятельности и результату. Необходимо отметить, что если при выполнении проекта не обозначена проблема, а целью работы является только изготовление некоего объекта, то это не проектная деятельность. Это можно назвать творческой работой.

Контекстность в проектной технологии позволяет создавать проекты, приближенные к естественной жизнедеятельности учащихся, осознавать место изучаемой ими науки в общей системе жизнедеятельности человека.

Интегративность проектной технологии означает возможность применения теоретических знаний школьников к осуществлению проекта через различные виды деятельности, т. е. объединение приобретенных умений и полученных знаний.

Внедрение проектной деятельности в образовательный процесс позволит, по нашему мнению, построить единое проектно-исследовательское образовательное пространство в общеобразовательной школе. А это, в свою очередь, приведет к планомерному систематизированному формированию устойчивых проектных и исследовательских умений у школьников в среднем звене, и как следствие, формирование проектных и исследовательских компетенций, как высшей формы овладения проектными и исследовательскими умениями, в старшем звене средней общеобразовательной школы.

Литература:

1. Федеральный государственный образовательный стандарт среднего (полного) общего образования. Приказ министерства образования и науки РФ № 413 от 17.05.2012
2. Федеральный закон РФ № 273 – ФЗ от 29.12.2012 г. «Об образовании»
3. Зимняя И. А. Ключевые компетенции – новая парадигма результата современного образования.//Интернет-журнал «Эйдос». – 2006. – 5 мая.
4. Кошенко, Т. О., Сакович, Л. П., Смирнова, М. А. Методика организации деятельности учащихся по разработке и презентации исследовательских проектов (Учебно-методическое пособие)/ Т. О. Кошенко, Л. П. Сакович, М. А. Смирнова.- Южно-Сахалинск: Изд-во ИРОСО., 2012. – 90 с.
5. Хуторской А. В. Системно-деятельностный подход. – М.: «Эйдос», 2012. – 62 с.

Колыман Е.Н.
ст. преподаватель кафедры ИиМ СИУ – филиал РАНХиГС
Музыченко Е.А.
к. пед.н., доцент, профессор кафедры менеджмента СИУ – филиал
РАНХиГС

О ГОТОВНОСТИ ВЫПУСКНИКОВ ШКОЛ К ДАЛЬНЕЙШЕМУ ОБУЧЕНИЮ В ВУЗЕ

В новом законе об образовании подготовка к «продолжению образования и началу профессиональной деятельности» рассматривается как одна из функций среднего общего образования [5].

На сегодняшний день основным инструментом оценки знаний выпускников школ, их подготовленности к продолжению образования выступает Единый государственный экзамен.

В приказе Министерства образования и науки РФ от 11 октября 2011г. №2451 «Об утверждении Порядка проведения единого государственно экзамена» единый государственный экзамен (ЕГЭ) представляется, как форма объективной оценки качества подготовки лиц, освоивших образовательные программы среднего (полного) общего образования.

Авторы статьи попытались ответить на вопросы:

1) Готовы ли выпускники школ к продолжению образования в вузе?
2) Является ли ЕГЭ эффективным показателем готовности к продолжению обучения?

Российский союз ректоров с февраля 2010 г. проводит комплексное исследование успеваемости студентов высших учебных заведений России [3].

Основные цели данного исследования:

1) Контроль качества олимпиад школьников;
2) Оценка эффективности олимпиад как инструмента привлечения выпускников к обучению в вузе, отличающегося от требований стандартного инструментария ЕГЭ.

В результате восьми исследований была выявлена устойчивая тенденция к улучшению результатов успеваемости среди студентов, учащихся выше среднего. Это лица, зачисленные без экзаменов, лица, приравненные к получившим 100 баллов по профильному экзамену, лица, приравненные к успешно прошедшим дополнительные испытания. Олимпиады школьников подтвердили свою эффективность.

Единый государственный экзамен продемонстрировал себя как эффективный инструмент прогнозирования академической успеваемости лиц, поступающих на общих основаниях. Исследование зафиксировало закономерность прямого соответствия их среднего балла ЕГЭ и сессионной успеваемости. Лица со средним баллом ЕГЭ в пределах 0-49% от максимальной оценки продемонстрировали минимальные результаты успеваемости, в пределах 50-66% – средние результаты успеваемости, со средним баллом ЕГЭ выше среднего – продемонстрировали результаты успеваемости выше среднего, а в случае выше 67% от максимальной оценки – максимальные результаты успеваемости.

Однако средние результаты не показывают ряд проблем, возникающих у первокурсников. Одна из серьезных проблем – уровень подготовки выпускников по математике.

По выпускникам школ имеется в основном анализ результатов ЕГЭ. Следует учесть, что с введением ЕГЭ как вступительного экзамена по математике повсеместно и в выпускных классах школ и на подготовительных курсах вузов идет в большей степени подготовка к сдаче ЕГЭ. В связи с этим важно понять, каков уровень математических знаний учащихся до выпускного класса.

Интересные для нас результаты были получены в Новосибирской области в ходе мониторинга качества общего образования (1-го этапа 2013г.), который проводился Новосибирским институтом мониторинга и развития образования (НИМРО).

Мониторинг проводился на основании приказа Министерства образования, науки и инновационной политики Новосибирской области от 21.12.2012г. № 2631.

По двум предметам – «Математика» и «Русский язык» в 4-х, 6-х, 8-х и 10-х классах оценивались:

1) уровень предметных достижений обучающихся (в соответствии с требованиями ГОС);

2) уровень сформированности общеучебных умений – умение извлекать необходимую информацию из источников, созданных в различных знаковых системах (текст, таблица, график, диаграмма, схема); умение сравнивать и сопоставлять.

Рассмотрим результаты оценки качества образования по математике в 10-х классах. В мониторинге приняло участие 7746 учащихся 10-х классов из 404 образовательных учреждений Новосибирской области (50% ОУ каждого муниципалитета).

По уровню предметных достижений в среднем работы были выполнены на 57%. При этом результат 70-100% показало 22% учащихся, 45-69% - 55% учащихся, менее 45% - 23% учащихся. То есть справилось с диагностической работой 77% учащихся. При этом «порог лучших результатов» (10% лучших работ) оказался на уровне 81% выполнения диагностической работы.

По уровню сформированности общеучебных умений доля обучающихся, продемонстрировавших умение сравнивать и сопоставлять – 70%, умение извлекать информацию – 74%. При этом умение извлекать необходимую информацию их текста показали 57% учащихся, из таблицы – 65%, из схемы (чертежа) – 71%, из графика – 75%.

В выводах мониторинга по интересующим нас вопросам содержится следующее:

- для развития общеучебных умений старшеклассников необходимо на уроках математики использовать разнообразные формулировки заданий и текстовых задач;

- необходимо включить в содержание обучения вопросы смысла и происхождения понятий, повысить качество работы по изучению математического языка и формированию математической речи учащихся [1].

Данные за 2012 - 2013 гг. общероссийского мониторинга результатов ЕГЭ по математике, обществознанию и русскому языку приведены в таблице 1.

Таблица 1 - Распределение баллов по результатам ЕГЭ за 2012 - 2013 гг.

		100	71 - 99	51 - 70	0 - 50
Математика	**2012 г.**	0,007	3,6	34,2	62,2
	2013 г.	0,1	7,9	43,6	48,4
Обществознание	**2012 г.**	0,018	9,0	55	35,8
	2013 г.	0,1	18	56,7	25
Русский язык	**2012 г.**	0,2	23	54	23,3
	2013 г.	0,3	28	52,9	18,6

Очевидно, что результаты 2013г. более высокие по всем предметам. Вместе с тем около 50% школьников имеют по математике результат ЕГЭ менее 50 баллов. Для обществознания и русского языка распределение баллов немного иное: более 50% школьников имеют результат ЕГЭ от 51 до 70 баллов

Средний балл ЕГЭ за 2012-2013 гг. по дисциплинам математика, обществознание и русский язык представлен на рисунке 1.

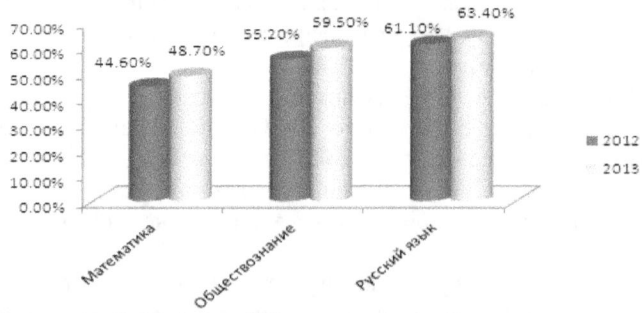

Рисунок 1. Средний балл ЕГЭ по математике, обществознанию и русскому языку за 2012 – 2013 гг.

Разница между средним баллом ЕГЭ по математике и средними баллами ЕГЭ по обществознанию и русскому языку достаточно существенна.

Всего за два года в тестировании приняло участие: по математике - 1 млн. 634 тыс. 809 школьников; по обществознанию – 960 тыс. 551 школьник; по русскому языку – 1 млн. 701 тыс. 41 школьник [2].

На рисунке 2. показано распределение 100 балльных работ по рассматриваемым дисциплинам за 2012 – 2013 гг.

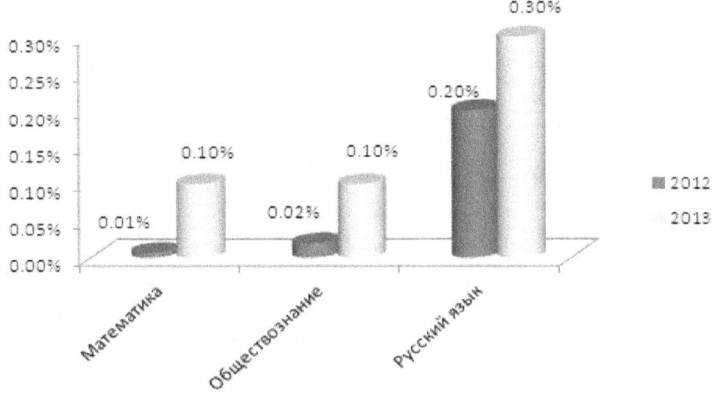

Рисунок 2. Распределение 100 балльных работ по математике, обществознанию и истории за 2012 – 2013 гг.

В 2013 г. по сравнению с 2012 г. наблюдается увеличение количества 100 балльных работ по рассматриваемым дисциплинам и в частности по математике: с 56 человек до 538.

Анализ общих результатов ЕГЭ по Новосибирской области (НСО) показал небольшое увеличение среднего балла ЕГЭ в период с 2011 по 2013 гг. с 47,2 баллов до 50 баллов. Если смотреть по типу образовательных учреждений, то в лицеях, гимназиях, школах с углубленным изучением предметов (это 28% от общего числа образовательных учреждений НСО) средний балл по математике составил 60,6 баллов, а по русскому языку - 70,5. Если рассматривать другие учебные заведения, менее статусные и мелкие, то для них средний балл колеблется в пределах 31,8 - 48,1 баллов по математике и 48,6 – 61,3 по русскому языку. В маленьких сельских школах, вечерних образовательных учреждениях балл ЕГЭ ниже среднего по данным предметам [1].

Исследование готовности выпускников школ к дальнейшему обучению в вузе по математическим дисциплинам было проведено в течение 2-х лет на примере студентов первого курса направлений подготовки Государственное и муниципальное управление (ГМУ) и

Управление персоналом (УП) Сибирского института управления (СИУ) – филиала РАНХиГС.

В качестве вступительных испытаний для указанных направлений подготовки выступают математика, обществознание и русский язык.

Следует отметить, что математика с 2011 года выступает в качестве профилирующей дисциплины при ранжировании поступающих в вузы по направлениям подготовки ГМУ и УП (укрупненная группа Экономика и управление).

Данные о баллах ЕГЭ по математике, обществознанию и русскому языку, студентов, поступивших на направления подготовки ГМУ и УП в СИУ – филиал РАНХиГС в 2012-2013 гг. представлены в таблице 2.

Таблица 2 – Распределение баллов ЕГЭ по математике, обществознанию и русскому языку 2012 – 2013 гг.

Год	2012 г. (%)				2013 г. (%)			
Предмет	менее 50	51 - 70	71 - 99	100	менее 50	51 - 70	71 – 99	100
Математика	28,13	66,25	5,63	0,00	13,13	74,38	12,50	0,00
Обществознание	1,88	78,13	20,00	0,00	3,75	62,50	33,75	0,00
Русский язык	0,00	51,25	46,25	4,00	3,13	60,63	35,63	1,00

Количество поступающих студентов с баллом менее 50 по математике достаточно велико по сравнению с баллами по другим предметам. Отчасти это связано с тем, что абитуриенты плохо представляют себе значимость математических дисциплин в высшем образовании.

В исследовании принимали участие 330 студентов первого курса направлений подготовки ГМУ и УП. Студентам на первом занятии по дисциплине «Математика» предлагалось пройти контрольный тест, содержащий задания по математике из школьной программы. Этот тест несколько лет предлагался в качестве вступительного, до введения системы ЕГЭ. Выбор заданий в тесте определяется перечнем знаний, умений и владений, определенных в федеральном государственном образовательном стандарте для направлений подготовки ГМУ и УП. В некоторых группах студентам был предложен контрольный тест, содержащий задания, аналогичные заданиям ЕГЭ. Средний балл ЕГЭ по математике для данной группы студентов составил 57,5. Средний балл, полученный в результате проведения контрольного теста – 31,3. Распределение по баллам следующее: никто из студентов не набрал 100 баллов, только 8,79% выполнили работу более чем на 70 баллов, 13,64% – от 51 до 70 баллов, 77,58% - от 0 до 50 баллов (рис 3.). Менее четверти студентов справилась с тестом.

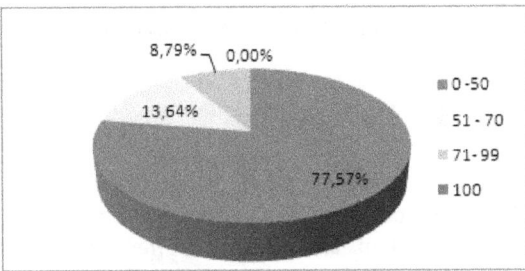

8,79% 0,00%

13,64%

77,57%

- 0 - 50
- 51 - 70
- 71 - 99
- 100

Рисунок 3. Распределение тестовых баллов по результатам проведенного тестирования.

В ходе исследования было сформировано две выборки данных и проведен корреляционный анализ. Первая выборка - результаты ЕГЭ по математике. Вторая выборка – результаты проведенного контрольного тестирования. Значение коэффициента корреляции для групп, в которых проводился контрольный тест, содержащий задания вступительных экзаменов, равно 0,35 – очень слабая взаимосвязь рассматриваемых признаков. В группах, где проводился тест, содержащий задания, аналогичные заданиям в тесте ЕГЭ значение коэффициента корреляции составило 0,59, что говорит о слабой взаимосвязи данных.

Результаты первой сессии, где традиционно проходит экзамен по математике, соответствует результатам проведенного тестирования и не соответствует более высоким результатам ЕГЭ.

Основной содержательный вывод по результатам эксперимента (анализ по типам заданий) соответствует выводам регионального мониторинга: у первокурсников слабо развиты не только предметные знания, но и общеучебные умения и понятийное мышление.

Очевидно, что математическая подготовка выпускников школ недостаточно соответствует требуемому уровню готовности школьника для дальнейшего обучения в вузе.

Как показывают исследования Л. А. Ясюковой [5], менее 20% школьников обладают полноценным понятийным мышлением.

Стоит обратить внимание и на общественное мнение. Например, в своих работах В. В. Солодовников приводит факты, свидетельствующие о возрастании негативного отношения населения относительно объективности ЕГЭ [4].

В результате проведенного нами исследования были сделаны следующие выводы:

- система школьной подготовки не обеспечивает достаточный уровень готовности абитуриентов для успешного освоения программ бакалавриата;

- подготовка школьников по математике не дает требуемого в вузе уровня предметных знаний и общеучебных умений;

- ЕГЭ пока не является достаточно объективным и эффективным показателем знаний.

Литература:

1. Официальный сайт Новосибирского института мониторинга и развития образования [Электрон. ресурс]. Режим доступа: http://nimro.ru/.

2. Официальный информационный портал единого государственного экзамена [Электрон. ресурс]. Режим доступа: http://www.ege.edu.ru/.

3. Официальный сайт Российского союза ректоров [Электрон. ресурс]. Режим доступа: http://www.rsr-online.ru/.

4. Солодников В. В. Единый государственный экзамен: оправдались ли ожидания? // Мониторинг общественного мнения: экономические и социальные перемены. № 5(105). 2011. С. 113-122.

5. Федеральный закон от 29.12.12 №273-ФЗ «Об образовании в РФ» [Электрон. ресурс]. Режим доступа: http://минобрнауки.рф.

6. Ясюкова Л.А. Закономерности развития понятийного мышления и его роль в обучении. СПб., ИМАТОН, 2005.

Бочаров И.П.

аспирант 3 года обучения. Пензенский государственный технологический университет.

bocharoff.ilya@yandex.ru

ПЕДАГОГИЧЕСКАЯ МОДЕЛЬ ФОРМИРОВАНИЯ ЦЕННОСТНОГО ОТНОШЕНИЯ К ЗДОРОВЬЮ У СТУДЕНТОВ ТЕХНИЧЕСКОГО ВУЗА

Сегодня в России, в отличие от патерналистских установок советского периода, актуализирована идея индивидуальной ответственности человека за свое здоровье. А в феноменологическом поле педагогики появилась категория «ценностное отношение к здоровью» как интегральное качество личности, лежащее в основе всех конструктивных поведенческих паттернов и обеспечивающее интернальную позицию человека в сфере здоровья,

В процессе нашего исследования были выявлены основные ресурсы образовательного процесса технического вуза как системного фактора формирования у студентов ценностного отношения к здоровью: содержание и организация образовательного процесса на основе аксиологического, личностно-ориентированного, системного и компетентностного подходов; созданная на основе технологий «здоровьеформирующего образования» аксиологически-ориентированная образовательная среда; воспитательная система вуза в целом и физкультурное воспитание в частности; ценностно-ориентационная деятельность студентов в учебной и внеучебной сферах; личностный потенциал преподавателей. При этом необходима актуализация антропогенной функции содержания образования, а именно: аксиологизация содержания образования; отбор содержания, форм и методов обучения, нацеленных на принятие студентами здоровья как ценности; междисциплинарный подход; использование стратегии «скрытого» расписания, когда в учебный материал определенной дисциплины вносятся в аксиологическом ракурсе вопросы здоровья; здоровьеориентированная организация трансляции содержания образования; развитие у студентов ценностного отношения к себе и способности к ценностному выбору.

Ниже представлена разработанная в рамках нашего исследования модель формирования ценностного отношения студентов к здоровью в образовательном процессе технического вуза:

Цель: формирование у студентов технического вуза ценностного отношения к здоровью

↓

Методологические подходы:
аксиологический, личностно-ориентированный, системный, компетентностный

↓

Принципы: общепедагогические, аксиологические, здоровьесберегающего образования

↓

Организационно-содержательный блок

Содержательный компонент:
- актуализация ценностно-ориентационной функции всех видов деятельности студентов;
- акцентирование аксиологических аспектов технического знания;
- усиление в содержании гуманитарных дисциплин направленности на присвоение студентами универсальной ценности здоровья;
- вовлечение студентов в социальное проектирование с акцентом на витально-аксиологическом контенте;
- специальный тренинг, нацеленный на интеграцию всех компонентов ценностного отношения к здоровью;
- развитие у педагогов вуза компетенций по формированию у студентов ценностного отношения к здоровью.

Организационно-структурный компонент:
- организационные, психолого-педагогические и медико-социальные меры в образовательном процессе, культивирующие ценность здоровья;
- адекватная структуре ценностного отношения к здоровью и специфике инженерного труда система форм, средств и методов образования;
- организация внеучебной и досуговой деятельности студентов с ориентацией на ЗОЖ;
- организация профилактики нарушений здоровьесберегающего поведения студентов;
- поддержка студентов при проектировании индивидуальных программ развития здоровья;
- организация сетевой структуры взаимодействия внутренних и внешних партнеров в создании здоровьеразвивающей среды.

↓

Механизмы:
трансляция студентам здоровья как терминальной и инструментальной ценности; акцент на ценности здоровья в контексте профессионального и личностного самоопределения, онтологической и профессиональной успешности личности; предъявление образцов здоровьеразвивающей деятельности и моделей профилактики нарушений здоровья; обеспечение студенту субъектной позиции и актуализация его витагенного опыта; самодиагностика и самоанализ индивидуального здоровья; активизация рефлексии и идентификации у студентов для осознания и принятия ими ценности здоровья

↓

Педагогические условия формирования у студентов ценностного отношения к здоровью
формирование потребности в здоровом образе жизни; преемственность формирования ценностного отношения к здоровью на основе многоуровневости профессионального образования; учет возрастной и субкультурной специфики студенчества; аксиологизация образовательного процесса технического вуза; формирование экологической культуры

↓

Формирование у студентов потребности в здоровом образе жизни	Учет возрастной и субкультурной специфики студенчества	Преемственность формирования у студентов ценностного отношения к здоровью на основе многоуровневости профессионального образования	Аксиологизация образовательного процесса в техническом вузе	Формирование экологической культуры студентов

↓

Критерии: когнитивный, эмоциональный, мотивационно-деятельностный

Результат: сформированность у студентов технического вуза ценностного отношения к здоровью

Для реализации авторской модели была создана и реализована программа комплексного воздействия, включающая семь направлений деятельности, три из которых основаны на авторских разработках:

- рекомендации преподавателям о проведении «ревизии» возможностей разных учебных дисциплин, их мировоззренческого и эмоционального потенциала, в плане формирования у студентов ценностного отношения к здоровью и о включении соответствующего контента в содержание преподаваемых курсов;

- проведение специально разработанного социально-психологического тренинга «Я и мое здоровье», основной целью которого является создание условий, располагающих к ценностно-ориентационной коммуникации, способствующей интенсификации формирования эмоционального и поведенческого компонентов отношения к здоровью, целостной установки на здоровье как высшую индивидуальную ценность;

- проведение постоянно действующего семинара (ПДС) «Формирование у студентов ценностного отношения к здоровью» для кураторов и преподавателей вуза.

Количественный и качественный анализ результатов первичной и итоговой диагностик показал, что меры, предпринятые в рамках реализации модели и соответствующей программы комплексно реализуемых направлений педагогической деятельности, явились эффективными.

В процессе исследования были определены, теоретически обоснованы и экспериментально проверены педагогические условия эффективности формирования у студентов технического вуза ценностного отношения к здоровью: формирование у студентов потребности в здоровом образе жизни; преемственность формирования ценностного отношения к здоровью на основе многоуровневости профессионального образования; учет возрастной и субкультурной специфики студенчества; аксиологизация образовательного процесса технического вуза; формирование экологической культуры студентов.

Коваленко Е.Г.
кандидат психологических наук, доцент, Полтавский национальный
педагогический университет имени В.Г. Короленко (Украина)
olenagk@ukr.net

ПСИХОЛОГИЧЕСКИЕ МЕХАНИЗМЫ ГАРМОНИЧНОГО РАЗВИТИЯ ЛИЧНОСТИ В ПОЗДНЕЙ ВЗРОСЛОСТИ

В структуре населения современного общества увеличивается доля пожилых людей, что обусловлено рядом факторов. В связи с этим они становятся важной общностью, требующей внимания государства и дальнейшего усовершенствования их жизнедеятельности. Поэтому актуальным направлением современных исследований является анализ психологических особенностей развития человека в поздней взрослости.

Старость, поздняя зрелость, поздняя взрослость, геронтогенез, дряхлость, третий возраст – понятия, обозначающие период жизни человека, который начинается примерно с 60 лет. Это – третья, заключительная эпоха жизни человека, неоднозначно оцениваемая учеными и обществом. Эпоха потерь, проблем, болезней, но это и эпоха целостного функционирования человека. Наряду с ограничением жизнедеятельности организма, сворачиванием его отдельных функций, снижением адаптационных возможностей, появляются новые функции, механизмы, возможности, способствующие приспособлению человека к новой ситуации. Это, при определенных условиях, естественная и здоровая часть человеческой жизни, которую можно и нужно сделать счастливой для человека и полезной для общества. Возникает вопрос, каким образом в поздней взрослости личность может приспосабливаться к изменениям, сопровождающим этот возраст, какие психологические механизмы способствуют гармоничному развитию личности в старости.

Основные механизмы развития личности, в частности, в позднем возрасте рассматривали Б.Г. Ананьев, Л.И. Анциферова, Г.А. Балл, В.В. Безруков, И.Д. Бех, А.А. Богомолец, Б.С. Братусь, Л.С. Выготський, К. Висьневска-Рошковска, Е.И. Головаха, Д.Б. Эльконин, М.В.Ермолаева, И.В. Давыдовський, Г.С. Костюк, О.В.Краснова, А.Н. Леонтьев, А.Г. Лидерс, С.Д. Максименко, Т.Д. Марцинковська, О.Н. Молчанова, В.Ф. Моргун, Е.О. Помиткін, М.Л. Смульсон, В.В. Фролькис и другие.

Если в ранние годы жизни на первый план выходит интериоризация (прежде всего культуры, знаний, правил и норм того общества, в котором живет ребенок), идентификация с эмоциональным опосредованием, в поздней взрослости эти механизмы уже почти не имеют прежнего значения. Новые знания формируются сложно, их сложно пополнять эмоциональными переживаниями чтобы сформировались новые мотивы. Поэтому у пожилых людей плохо формируются новые ролевые отношения, они с трудом привыкают к новым ценностям, все обычно сравнивают с прошлым, а новое часто вызывает негативную реакцию. У них почти невозможна и социальная идентификация, а таким образом и выбор новой социальной или национальной группы, к которой себя относит человек. Поэтому в этом возрасте сложно адаптироваться к новой среде (социальной, культурной, экологической) [1].

На первый взгляд появляется механизм компенсации, прежде всего компенсации своих потерь – сил, здоровья, статуса, поддержки. Но должен доминировать адекватный и полный вид компенсации, то есть этот механизм должен функционировать так, чтобы пожилой человек не впадал в воображаемую компенсацию, преувеличивая свои болезни, привлекая таким образом к себе внимание, вызывая интерес и жалость, либо не отчуждался от других, не проявлял агрессию на себя и на них, не унижал бы других. Поэтому необходимо развиваться, обучаться новым видам деятельности, искать новые хобби, с помощью которых формируется полная компенсация.

В.Ф. Фролькис, констатируя факт снижения возможностей приспособления организма в поздней взрослости, заявляет о появлении новых компенсаторных возможностей. Именно анализируя фундаментальные механизмы старения ему удалось доказать, что наряду с процессами старения существуют и процессы антистарения или витаукта (с лат. вита – жизнь, ауктум - увеличивать). Процессы витаукта – это механизмы саморегуляции, которые противостоят разрушительным тенденциям и направлены на стабилизацию жизнедеятельности организма и увеличение продолжительности его жизни [3].

Процессы психологического витаукта на уровне Я-концепции исследовала О.Н. Молчанова и выявила факторы, позволяющие поддержать ее стабильность [1]:

1. Высокая реальная самооценка характера, отношений с другими людьми, деловых качеств, которая компенсирует низкую самооценку по другим шкалам, обуславливая в общем средний уровень общей самооценки личности в пожилом возрасте.
2. Фиксация на положительных чертах своего характера, приписывание положительных качеств (деловых, социальных).
3. Снижение идеальных и достигаемых самооценок способствует защите от очень большого разрыва между реальным и идеальным «Я».
4. Сравнительно высокий уровень самоотношения, отношения личности к себе, собственному «Я». Человек в поздней взрослости имеет высокое самоуважение, симпатию к себе, принимает себя.
5. Ориентация на жизнь детей и внуков (их успехи и достижения предопределяют перспективы развития пожилого человека, способствуют осознанию ценности своего «Я»).
6. Ретроспективный характер самооценки, направленность в прошлое, имеющее большую ценность.

Отсутствие компенсации часто является одной из самых распространенных причин, приводящих к активизации других, негативных механизмов психического развития, прежде всего, неадекватной компенсации, избегания, отчуждения и агрессии. Отклонение предусматривает доминирование какого-либо одного из этих механизмов, который проявляется во всех, даже в неадекватных для него ситуациях. Так появляется нежелание новых контактов, даже боязнь их, стремление отгородиться от всех, в том числе и от близких людей, эмоциональная холодность. Такой уход от общения часто сочетается с постоянными упреками другим и уверенностью в том, что пожилому человеку чего-то недодали, его недооценили. Старые люди становятся уязвимыми, конфликтными, стремятся все сделать по-своему.

Агрессия может сочетаться и с конформизмом, причем варианты этих сочетаний разнообразны – от конформного принятия новых правил личной жизни и агрессии на уровне микрообщения к использованию и принятию новых социальных ценностей и проявлению агрессии в отношении близких людей. Конформизм может сочетаться и с эмпатией, когда пожилой человек пытается привлечь внимание окружающих. Чаще всего этот механизм проявляется в личной жизни и активизируется в благоприятных семьях, где установлен достаточно тесный эмоциональный контакт между разными поколениями.

Итак, избегание, отчуждение, агрессия, конформизм являются негативными механизмами психического развития, доминирование которых в поздней взрослости не способствует полноценному приспособлению личности к изменениям. Оптимальна – активизация адекватной и полной компенсации потерь сил, здоровья, статуса, поддержки. Перспективными направлениями исследований в данном случае является поиск способов такой компенсации, способов полноценной адаптации личности в этом возрасте к изменениям, которые происходят в ней и вокруг нее.

Литература

1. Марцинковская Т.Д. Особенности психического развития в позднем воздасте / Т.Д. Марцинковская // Психология старости и старения: хрестоматия: учеб. пособие для студ. психол. фак. высш. учеб. заведений / Сост. О.В. Краснова, А.Г. Лидерс. – М. : Издательский центр «Академия», 2003. – С. 127-131.
2. Молчанова О.Н. Психологический витаукт как механизм стабилизации Я-концепции в позднем возрасте /О.Н. Молчанова // Психология зрелости и старения: Ежеквартальный научно-практический журнал.– 1997. – Осень. – С. 24-25.
3. Фролькис В.В. Экспериментальные пути продления жизни // В.В. Фролькис, Х.К. Мурадян. – Л.: «Наука», 1988. – 248 с.

Федорова Ю.С.[1]**, Стрижев В.А.**[2]**, Макидонова Е.В.**[3]
[1]Институт экономики и управления в медицине и социальной сфере,
[2]Кубанский государственный медицинский университет Минздрава России
[3]Крымская ЦРБ Краснодарского края

ЛИЧНОСТНЫЙ КОНТРОЛЬ КАК КОПИНГ-РЕСУРС ЛИЦ С НАРКОТИЧЕСКОЙ ЗАВИСИМОСТЬЮ

Проблема злоупотребления психоактивными веществами (ПАВ) среди детей, подростков продолжает оставаться острой и актуальной.

Несмотря на тот факт, что среди потребителей ПАВ основную группу по прежнему составляют лица в возрасте 18-39 лет, к потреблению наркотических средств активно привлекаются дети и подростки [1,127].

По данным медико-социального центра профилактики наркомании среди несовершеннолетних ГБУЗ «Наркологический диспансер» министерства здравоохранения Краснодарского края, большая доля наркопатологии приходится на учащихся школ. Рост также отмечается в группах учащихся ССУЗов и ВУЗов. Среди зарегистрированных потребителей ПАВ постоянно растет доля девочек.

С учетом изложенного выше, актуальность изучения такого психологического фактора, как личностный контроль в качестве копинг-ресурса лиц молодого возраста с наркотической зависимостью, трудно переоценить[2,64].

В нашем исследовании за основу были приняты следующие положения:
• многомерный биполярный конструкт личностного контроля рассматривается как дистресс, снижающий копинг-ресурс, хотя интернальный локус контроля позволяет адаптироваться на более высоком функциональном уровне;
• хроническая наркотическая интоксикация, как малоадаптивное копинг-поведение, приводит к снижению контроля индивидуума над средой и влияет ни формирование экстернальной ориентации контроля.

Настоящее исследование проводилось на базе наркологического отделения ГБУЗ «Специализированная клиническая психиатрическая больница № 1» министерства здравоохранения Краснодарского края.

Целью данного исследования являлось определение влияния локус-контроля на копинг-поведение лиц с наркотической зависимостью со второй стадией заболевания.

Обследовано 40 мужчин, средний возраст которых составил 19,1±0,9 года, больных опийной, гашишной наркоманиями и токсокоманиями. Контрольная группа со средним возрастом 18,3±1,2 года состояла из 50 мужчин категории условной нормы.

В качестве метода исследования использовалась методика уровня субъективного контроля Дж. Роттера – УСК [3,20].

Больные наркоманией показали по шкале общей интернальности 10,1 балла (контроль - 49,9 балла, p≤0,05), а интернальность в области достижений составила 0,4 балла (контроль - 11,9 балла, p≤0,05); в области неудач - минус 5,6 балла (контроль - 11,2 балла, p≤0,05); в семейных отношениях - минус 3,5 Гшлла (контроль - 5,8 балла, p≤0,05); в производственных отношениях - 6,7 балла (контроль - 9,3 балла, p≤0,05); в межличностных отношениях - минус 1,6 бала (контроль - 4,2 балла, p≤0,05); в области здоровья и болезни - 6,0 баллов (контроль - 4,4 балла, p≤0,05).

Уровень общей интернальности больных свидетельствует о том, что они оценивают себя в целом как способных осуществлять контроль над средой, хотя на более низком функциональном уровне, чем здоровые. Жизнь они оценивали как процесс, в котором их активность не имеет решающего значения, а происходящие субъективно значимые для пациента события являются результатом мало зависящих от него причин.

Низкая интернальность в области достижений может быть объяснена, на наш взгляд, во-первых, преобладающим использованием копинг-стратегии избегания неудач, ухода от проблем, которая заведомо ограничивала круг возможных достижений, и доминирующей ориентацией на удовлетворение потребности в наркотизации в ущерб другим потребностям; во-вторых, снижением и перераспределением активности больных, падением их энергетического потенциала в результате хронической наркотизации; в-третьих, негативных опытом больных, говорящем о том, что редкие достижения в их жизни часто определяются использованием противоправных действий, везения, а не результатом собственных настойчивых попыток установить контроль над средой.

Плохая переносимость неудач лицами с хронической наркотической интоксикацией общеизвестна. Используя механизмы психологической защиты, больные искали виновников своих неудач во внешней среде, что позволяло им объяснить себе причины неудач, иметь возможность отреагировать на них, хотя и за счет искажения реальности, но снизить эмоциональное напряжение.

Социальная дезинтеграция семьи больного, как системы социальной поддержки, приводила к усилению экстернальности контроля в этой сфере. Перекладывание ответственности за неблагополучие в семье на других ее членов, как следствие неспособности больных контролировать семейную ситуацию, позволяло снизить собственный дистресс.

Распад в результате хронической наркотизации, отклоняющегося поведения, криминальной активности естественных сетей социальной поддержки больного, вынужденное пребывание в неадекватной сети наркотизирующихся лиц отражало резкое нарушение контроля в межличностных отношениях с большинством коммуникантов. На рост экстернальности в межличностных отношениях могло влиять и длительное лишение контроля над средой в местах лишения свободы, где многие обследуемые неоднократно находились за преступления, так или иначе связанные с наркотиками.

Более высокие показатели интернальности в области здоровья и болезни, по сравнению с контролем, свидетельствуют о том, что больные с саморазрушающим стилем поведения демонстрируют уверенность в том, что они осуществляют достаточный контроль над исходами собственного здоровья, а также об интенсивном использовании механизмов психологической защиты во второй стадии заболевания, некритичности к собственному состоянию. Больные осознавали негативное влияние хронической наркотизации на здоровье, однако включающиеся защитные механизмы подавляли осознание причинной связи болезненных проявлений с наркотизацией. Отрицание болезни позволяло сохранить психологическую целостность личности, социальный статус, избежать возникновения многих сложных проблем и преодолеть в собственном воображении их последствия.

Проведенное исследование показало, что для лиц с хронической наркотической интоксикацией молодого возраста со второй стадией заболевания характерна тенденция к статистически достоверному снижению общей интернальности, интернальности в области достижений, формированию экстернальности в сфере неудач, семейных, межличностных отношений, уверенности больных в способности контролировать исходы собственного здоровья.

На наш взгляд, в результате снижения интернального и формирования экстернального контроля в отдельных сферах деятельности отмечается снижение возможностей смягчающего дистресса среды эффекта личностного контроля, что приводит к малоадаптивному копинг-поведению лиц с хронической наркотической интоксикацией.

Литература

1. Аносова Ю.В., Перстнев С.В. Влияние характерологических особенностей на мотивацию употребления наркотика у подростков с опийной наркоманией // Обозрение психиатрии и медицинской психологии имени В.М. Бехтерева. - 2005.- № 2. - С. 127.
2. Аносова Ю.В. Роль микросоциальных факторов в формировании героиновой наркомании у юношей и девушек // Обозрение психиатрии и медицинской
психологии имени В.М.Бехтерева. - 2007. - № 4. - С. 64.
3. Бажин У.Ф., Голынкина К.Е., Эткинд А.М. Методика определения уровня субъективного контроля (УСК): методические рекомендации. - Л., 1984. - С. 20.

Вакуленко С.П.[1] - к.т.н., проф., **Евреенова Н.Ю.**[1]

[1] Федеральное государственное бюджетное образовательное учреждение высшего профессионального образования «Московский государственный университет путей сообщения»

ОСОБЕННОСТИ ЗОНИРОВАНИЯ ПЛОЩАДЕЙ ТРАНСПОРТНО-ПЕРЕСАДОЧНЫХ УЗЛОВ

Важным моментом в формировании рациональной планировочной структуры транспортно-пересадочного узла (ТПУ) является решение вопроса рационального распределения площадей ТПУ по видам услуг, оказываемых пассажирам и посетителям. Частично критерии распределения площадей представлены в отраслевых нормах и регламентах [1,10]. Выделим три основных критерия эффективности распределения площадей транспортно-пересадочного узла:

Удовлетворенность пользователей – позволяет оценить эффективность использования помещений с точки зрения пользователей ТПУ. ТПУ не должен быть перенасыщен товарами и услугами, но в тоже время набор оказываемых услуг должен соответствовать потребностям пользователей ТПУ в попутном обслуживании.

Рентабельность дополнительных видов услуг, оказываемых в ТПУ, позволяет сделать вывод о выгодности и необходимости предоставления видов услуг.

Доход на 1 м^2 позволяет оценить эффективность использования помещений, сделать выводы о наиболее доходных видах услуг и эффективности схемы зонирования помещений ТПУ в разрезе предоставляемого перечня услуг. На его основании возможно принятие решений в области инвестиционной политики развития ТПУ.

Оптимизация структуры площадей в целях максимизации доходности ТПУ при одновременном выполнении условий удовлетворения потребности пользователей к обслуживанию позволяет:

- определить необходимые размеры операционных площадей;
- увеличить до максимально возможного уровня доли коммерческих площадей;
- снизить до минимально необходимого уровня доли служебных площадей, выделенных для вспомогательных служб ТПУ и для организаций, занимающих территорию на безвозмездной основе.

В планировке любого ТПУ, в том числе сформированного с участием железнодорожного транспорта, выделяют три основных зоны [2,12]: операционную (технологическую или транспортную) зону, зону дополнительного обслуживания (общественная зона) и служебную зону.

Операционная или *технологическая (транспортная)* зона включает в себя площади, используемые для предоставления обязательных услуг пассажирам ТПУ. В этих зонах располагают следующие основные элементы: «перехватывающие» и муниципальные парковки; вестибюли станций видов транспорта взаимодействующих в ТПУ; фронты посадки-высадки пассажиров; билетные кассы; залы ожидания; турникетные линии, санитарные узлы, камеры хранения, досмотровые зоны и т.д.

Зона дополнительного обслуживания включает площади, предназначенные для коммерческого использования и предоставления услуг дополнительного обслуживания пассажиров и посетителей ТПУ. В зоне дополнительного обслуживания, её также называют *общественной зоной*, организуются сопутствующие бизнесы [3,37], предоставляющие продукты и услуги, которые с одной стороны, дополняют основную (транспортную) услугу, а с другой – повышают коммерческую и инвестиционную привлекательность всего ТПУ.

Служебная зона предназначена для размещения вспомогательных служб ТПУ, а также организаций, занимающих территорию на безвозмездной основе.

При формировании нового ТПУ в процессе выделения площадей выделяют три этапа:

Этап 1 Выделение служебных площадей. Критерием выделения служебных площадей является величина расчетной вместимости ТПУ. При выделении служебных помещений необходимо определить полноту выполнения функций этими помещениями, возможно часть помещений можно будет использовать для предоставления дополнительных услуг.

Этап 2 Выделение помещений для оказания обязательных услуг (операционная зона ТПУ). Основным критерием выделения технологических площадей является совокупность следующих факторов: пассажиропоток и вместимость ТПУ.

Этап 3 Выделение помещений для осуществления попутного обслуживания пользователей ТПУ (общественная зона ТПУ). Выделение помещений для оказания дополнительных услуг осуществляется с учётом востребованности групп услуг. С точки зрения стратегии оказания услуг пользователям ТПУ выделяется два направления зонирования площадей:

- предоставление минимального перечня услуг, обеспечивающее комфортное пребывание пассажиров на объектах ТПУ;

- реализация коммерческого потенциала этой группы услуг.

Успешность реализации коммерческого потенциала площадей ТПУ зависит от доходности услуги, уровня спроса, технологических возможностей ТПУ. Выделение указанных помещений осуществляется по остаточному принципу. В общем, при формировании планировочной структуры ТПУ необходимо учитывать следующие принципы:

Рациональность взаимного расположения функциональных зон ТПУ – функциональные зоны должны быть расположены относительно друг друга с учётом схем организации пассажиропотоков (прибывающих, отправляющихся, транзитных) и маршрута их движения. Рациональность расположения функциональных зон должна обеспечить комфорт пассажирам - шумные функциональные зоны располагают вдали от зон, предназначенных для кратковременного отдыха и ожидания пассажиров.

В наиболее привлекательных с точки зрения близости к основным пассажиропотокам местах – вблизи входов в ТПУ располагают кассовые зоны, совместно со справочными и информационными службами. Билетные кассы не должны располагаться на пути передвижения пассажиропотоков, так как возможные очереди к кассам будут создавать помехи движению пассажиров. Крупноформатные точки общественного питания располагаются в помещениях вдоль основных пассажиропотоков, в одной зоне, так называемом фуд-корте, может быть сконцентрировано несколько точек общепита с разными брендами.

Если ТПУ создается многоэтажным, то точки общественного питания могут быть расположены на втором или цокольном этаже, при условии наличия дополнительных торговых площадей. Торговые киоски следует располагать вдоль основных пассажиропотоков, не затрудняя движения пассажиров. Рядом с основным пассажиропотоком могут располагаться зал ожидания, пункты по оказанию первой медицинской помощи, телефонные автоматы.

Пропорциональность – в целях сокращения затрат времени пассажиров на любые операции площади, габариты и пропускная способность всех помещений и элементов ТПУ должны быть пропорциональными его расчетной пропускной способности с исключением узких мест и опасности образования скоплений, заторов и очередей.

Последовательность передвижения пассажиров – при функциональном зонировании основных участков и помещений ТПУ выделяют: основные зоны (наиболее активно используемые зоны для пешеходного движения); зоны, предназначенные для размещения объектов попутного обслуживания; второстепенные зоны с низким уровнем шума.

ЛИТЕРАТУРА

1. Свод правил: Градостроительство. Планировка и застройка городских и сельских поселений: СП 42.13330.2011: Введ. 20.05.2011. М.: Министерство регионального развития РФ, 2011. – 114 с.

2. Рекомендации по проектированию общественно-транспортных центров (узлов) в крупных городах [Текст]: ЦНИИП градостроительства. – М.: 2000. – 43 с.

3. Зотов, А.В. Перспективы развития Московской кольцевой железной дороги [Текст] / А.В. Зотов // Экономика железных дорог, 2012. № 4. – с. 32-53.

Майстренко И.Ю.
кандидат технических наук, доцент
Казанский государственный архитектурно-строительный университет

АНАЛИЗ ПРИЧИН АВАРИИ ГРУЗОПОДЪЕМНОГО КРАНА МЕТОДОМ СТАТИСТИЧЕСКОГО МОДЕЛИРОВАНИЯ

В мае 2010 года при выполнении операции подъема-опускания стеновой панели весом 6100 кг на вылете 9,51 м произошла авария автомобильного крана КС-3574 в г. Казани, в результате которой погиб крановщик. Обследование места аварии показало, что опрокидывание крановой установки произошло с разрушением болтовых соединений узла крепления опорно-поворотного устройства (ОПУ) к раме автомобиля.

Для крепления неповоротного круга ОПУ к раме крана техническими условиями предусмотрено двадцать четыре болта М20 с гайками и пружинистыми шайбами. Экспертиза показала, что из общего числа болтов: на четырнадцати – имеются фрагменты металлической стружки, закрученные по неповрежденной резьбе; на одном – имеется выраженное повреждение (срыв) резьбы; один болт имеет погнутость вдоль продольной оси и один болт разорван.

Перед аварией кран был установлен на четырех выносных опорах с применением неинвентарных подкладок. Расстояние между выносными опорами в плане вдоль продольной оси крана составляет 3,90 м, в поперечном направлении – 5,28 м.

По результатам проверки планово-высотного положения выносных опор, сумма углов наклона площадки и наклона крана в продольном направлении составила $0,7^0$ и $3,6^0$ для передних и задних выносных опор соответственно; в поперечном направлении – $3,4^0$ и $6,5^0$. Предельно допустимое значение грузовой характеристики на данном вылете составляло 2894 кг.

Для анализа причин аварии рассмотрено выполнение условий грузовой устойчивости крана и прочности изделий крепления неповоротного круга ОПУ к раме.

В условиях ограниченности исходных данных и изменчивости основных характеристик крана, погрешностей измерения линейных и угловых размеров, погрешностей отображения информации на индикаторах ограничителя нагрузки, вариации веса конструкции и оборудования поставлена задача проверки влияния перечисленных случайных факторов на сценарий развития аварии. В основу решения поставленной задачи положена динамическая модель оценки вероятности отказов, основанная на статистическом моделировании и регрессионном анализе [1], адаптированная к данной аварийной ситуации.

Для проверки выполнения условий грузовой устойчивости крана

выполнен статистический анализ, который состоял в расчете грузовой устойчивости крана с позиции изменчивости вероятности отказа при работе крана на паспортных грузовых характеристиках и при экстремальных условиях эксплуатации, приведших к аварии. В данном случае под отказом следует понимать событие А, при котором наблюдается превышение значения i-той случайной реализации опрокидывающего момента относительно ребра опрокидывания над случайной реализацией соответствующего удерживающего момента.

Запишем условие, при котором возможно появление события А в заданном объеме N статистических испытаний:

$$\mathrm{A}|N \Rightarrow \begin{cases} M_x(i) > M_{x,kr}(i) \\ M_y(i) > M_{y,kr}(i) \end{cases}, \quad i \in [1,2,...,N], \qquad (1)$$

где: $M_x(i)$ и $M_{x,kr}(i)$ – массивы случайных реализаций опрокидывающего и удерживающего момента относительно ребра опрокидывания в поперечном направлении; $M_y(i)$ и $M_{y,kr}(i)$ – то же и в продольном направлении.

Вероятность отказа Q при числе испытаний $N \to \infty$ определяется в зависимости от числа случаев n_A появления события А отношением:

$$Q = \frac{n_\mathrm{A}}{N}, \quad N \in \left[\frac{\sum C_i}{k}, \frac{\sum C_i}{k-1}, ..., \sum C_i \right], \qquad (14)$$

где: $\sum C_i$ – глубина моделирования (наибольший объем статистических испытаний); k – общее число процедур моделирования при пошаговом рассмотрении процесса жизненного цикла крана.

Для получения требуемых оценок вероятности отказа при различных условиях работы крана, авторами разработана специальная программно-аналитическая модель, включающая блоки ввода исходных данных, функционального взаимодействия и аналитической обработки.

В последующем выполнен комплекс имитационных экспериментов [2] по оценке вероятности отказа при работе крана на паспортных грузовых характеристиках и при экстремальных условиях эксплуатации, приведших к аварии. Имитационные эксперименты позволили определить границы изменчивости вероятности отказа при различных условиях работы крана. Результаты расчетов методом статистического моделирования показали, что при работе крана на паспортных грузовых характеристиках вероятность отказа по условию грузовой устойчивости не превышает $4,00 \cdot 10^{-5}$, а при экстремальных условиях эксплуатации может составлять 0,370.

Проверка прочности изделий крепления неповоротного круга ОПУ к раме выполнена с учетом результатов обследования места аварии. Выявленные при обследовании срезанные витки резьбы гаек на болтовых соединениях свидетельствуют о несоответствии класса прочности использованных гаек к классу прочности болтов (при соответствии классов прочности болтов и гаек разрушение происходит путем разрыва тела болтов). Таким образом, будем считать, что до семи элементов в составе соединения ОПУ к раме крана (см. схему) могли быть выключены из работы. Это, в свою очередь, приводит к неизбежному перераспределению усилий и напряжений в данных элементах.

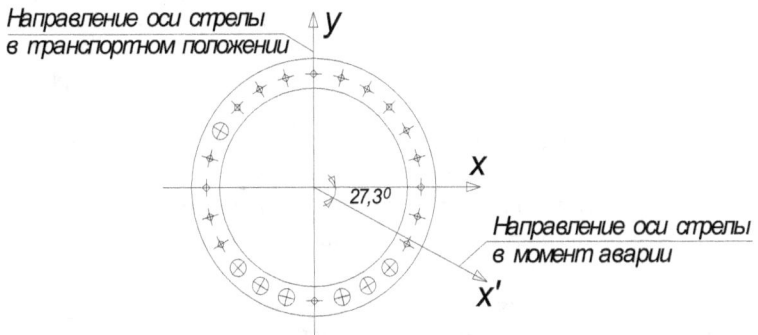

Схема размещения креплений неповоротного круга ОПУ к раме крана с выделением дефектных элементов символом ⊕

Для получения статистических исходных данных распределения напряжений в болтовых соединениях выполнен ряд поверочных расчетов с использованием метода конечного элемента в перемещениях. Учитывая возможность перераспределения усилий и напряжений в элементах соединения ОПУ к раме крана, рассмотрены восемь расчетных случаев, соответствующие различным состояниям элементов: начиная от состояния, при котором все элементы соответствуют нормативным требованиям, и далее состояния с выключением из работы одного, двух, ..., семи элементов. В результате расчетов получены параметры функции распределения максимальных напряжений в болтовых соединениях: среднее арифметическое значение 398,44 МПа, среднее квадратическое отклонение 108,30 МПа. Статистические исходные данные распределения прочности болтов при классе прочности 8.8 следующие: расчетное сопротивление материала болта равно 392,27 МПа, среднее арифметическое значение 356,57 МПа, стандарт распределения 11,87 МПа.

С учетом указанных выше статистических исходных данных распределения прочности (по пределу текучести) материала болта и параметров функции распределения максимальных напряжений в болтовых соединениях проведены операции по получению массивов реализаций численных значений данных параметров. Для этих операций использованы генераторы случайных чисел вычислительной системы

MathCAD. В последующем проведены операции статистического моделирования по условию прочности изделий крепления неповоротного круга ОПУ к раме с целью определения частоты отказов. Результаты расчетов, представленные в таблице, показали, что выявленные при обследовании дефекты болтовых соединений приводят к неизбежному разрушению крепления ОПУ к раме крана.

Таблица

Расчетный случай	Состояние элементов в составе соединения ОПУ к раме крана	Частота отказов при числе реализаций, равном:	
		24	24000
1	Все элементы соединения соответствуют нормативным требованиям	0,000	0,000
2	Один элемент соединения выключен	0,003	0,006
3	Два элемента соединения выключены	0,167	0,203
4	Три элемента соединения выключены	0,208	0,675
5	Четыре элемента соединения выключены	0,250	0,930
6	Пять элементов соединения выключены	0,417	0,990
7	Шесть элементов соединения выключены	0,708	0,999
8	Семь элементов соединения выключены	0,999	0,999

Выводы:

1. Анализ причин аварии грузоподъемного крана методом статистического моделирования показал, что основной причиной аварии следует считать разрушение крепления опорно-поворотного устройства к раме крана вследствие наличия дефектов болтовых соединений. Выявленные при обследовании дефекты болтовых соединений приводят к неизбежному разрушению крепления опорно-поворотного устройства к раме крана, вероятность отказа достигает значения 0,999.

2. Опрокидывание крана из-за потери грузовой устойчивости следует считать сопутствующей причиной аварии, вероятность отказа при статистическом моделировании работы крана при экстремальных условиях эксплуатации может составлять 0,370.

Источники:

1. Майстренко И.Ю., Манапов А.З. Статистическое моделирование работы строительных конструкций методом Монте-Карло. Работа с числовыми множествами // Известия КГАСУ № 2 (20), 2012. – С. 84-93.

2. Кельтон В.Д., Лоу А.М. Имитационное моделирование. Классика CS. – 3-е изд. – СПб.: Питер; Киев: Изд. гр. BHV, 2004. – 847 с.

Лапин А.А.
старший преподаватель кафедры «Физика, электротехника и электроника»,
студент магистратуры 210100.68 «Электроника и наноэлектроника»
ФГАОУ ВПО «Северо-Кавказский федеральный университет»,
г. Ставрополь
Дюдюн Д.Е.
доцент, к.т.н., доцент кафедры «Физика, электротехника и электроника»
ФГАОУ ВПО «Северо-Кавказский федеральный университет»
Пигулев Р.В.
доцент, к.т.н., доцент кафедры «Физика, электротехника и электроника»
ФГАОУ ВПО «Северо-Кавказский федеральный университет»

ПРИМЕНЕНИЕ МИКРОКОНТРОЛЛЕРА ДЛЯ РЕШЕНИЯ ЗАДАЧИ ВЫСОКОТОЧНЫХ ИЗМЕРЕНИЙ ДЕФОРМАЦИЙ

На протяжении всей истории развития науки и техники перед человечеством возникало и возникает множество проблем, для решения которых необходимо располагать количественной информацией о том или ином свойстве объектов материального мира.

Основным способом получения такой информации являются измерения. Измерения играют важнейшую роль в жизни человека и являются, прежде всего, начальной ступенью познания, которые часто не превышают уровня эмпирических. Одна из важнейших областей, в которой требуются высокоточные измерения, – измерение деформаций:

а) измерение деформаций подземных труб газо- и нефтепроводов;

б) измерение деформаций оснований зданий;

в) измерение деформаций сооружений;

г) измерения воздействия на гидротехнические сооружения и т. д.

Измерения для каждого из приведенных примеров важны, прежде всего, с точки зрения безопасности жизнедеятельности людей. Также немаловажным является экономический фактор, так как правильно спроектированный объект или вовремя принятые меры по обеспечению снижения влияния деформаций, снизят или полностью устранят затраты на восстановление объекта или новый монтаж из-за разрушений, которые могут произойти в результате воздействия деформаций.

Существует достаточно большое количество стандартов, санитарных норм и правил на методы измерения деформаций. Количество научных статей, патентов и разработок также подтверждает актуальность задачи.

Метод измерений выбирается в зависимости от требуемой точности измерения, конструктивных особенностей объекта, экономической целесообразности применения метода в данных условиях и т. д.

В любом методе, требуется первичный преобразователь информации о деформации. Наиболее распространенным является тензорезистор.

Но измерить физическую величину датчиком – мало. Необходимо дальнейшее преобразование полученного сигнала в вид, удобный для анализа, сравнения, хранения, выработки сигналов управления и т. д. Все эти задачи одновременно позволяет решить микроконтроллер.

В настоящее время существует достаточно большой спектр оборудования для проведения требуемых исследований: например, тензометрический модуль DBU-120A [1], тензометрический цифровой интерфейс PCD-300A [2] и т. д. Но большинство устройств имеют недостатки:

а) либо очень высокая стоимость при наличии большого количества функций и высокой точности;

б) либо малая адаптивность и функциональность при низкой стоимости.

Предлагаемое устройство, благодаря применению микроконтроллера (МК), схемотехническому решению, а также наличию открытого программного кода, позволит получить высокую функциональность измерительного устройства при его невысокой стоимости.

Схемотехническая реализация позволит устройству адаптироваться для подключения тензорезистора (тензорезисторов):

- с любым типом материала чувствительного элемента;

- с любой длиной чувствительного элемента;

- любой конфигурации;

- с любым значением сопротивления стандартных значений.

Применение МК предоставит:

- возможность перепрограммирования под различные алгоритмы работы;

- высокую точность и скорость преобразований;

- возможность реализовывать различные алгоритмы преобразования, хранения и индикации результатов измерения;

- возможность объединять несколько подобных устройств в независимую сеть, удобную для передачи, сбора и анализа данных посредством цифрового специализированного интерфейса.

Наличие МК также позволит одному и тому же устройству быть одновременно и «ведомым» и «ведущим». В первом режиме устройство будет работать с собственным датчиком. Результаты измерения сохраняются в памяти и передаются по специальной шине во внешние устройства. Во втором режиме устройство будет работать как с собственным датчиком, сохраняя результаты измерения в своей памяти, так и получать данные от других подобных устройств, также сохраняя их в памяти.

В устройстве необходимо использовать адаптивный алгоритм, который позволит:

- одному и тому же устройству быть настроенным в различных

режимах работы;

- выполнять преобразования заданной точности в заданные интервалы времени;

- находиться в режиме «Sleep», ожидая прихода сигнала от датчиков или команды от ведущего устройства;

- объединять в одну сеть различное количество подобных устройств, не изменяя схемотехники каждого устройства и топологии имеющейся сети в целом, что позволит использовать МУ на различных объектах и т. д.

Способы подключения МК устройств приведены на рисунке 1, а структурная схема одного устройства – на рисунке 2.

а)   б)

Рисунок 1 – Способы подключения микроконтроллерных устройств в различных режимах работы: а – подключение в режиме «Ведомый», б – подключение в режиме «Ведущий»

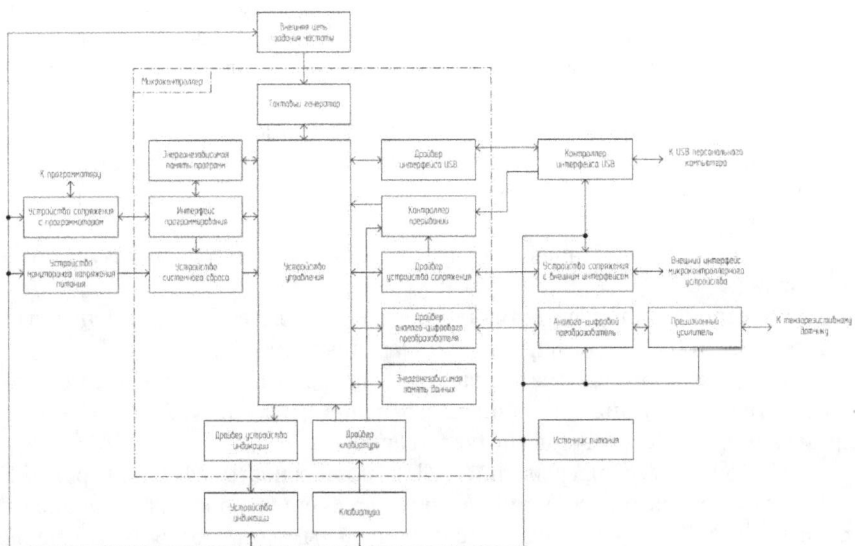

Рисунок 2 – Структурная схема одного устройства высокоточного измерения

Основные функциональные узлы и блоки:

а) устройство управления (УУ) – это центральное ядро МК (аппаратная часть и программное обеспечение), выполняющее:

- обработку сигналов от контроллера прерываний (КП);
- обработку сигналов от драйвера клавиатуры;
- управление драйвером интерфейса USB;
- управление драйвером устройства сопряжения;
- управление драйвером АЦП;
- управление драйвером устройства индикации;
- управление интерфейсом программирования;
- управление энергонезависимой памятью данных;
- непосредственные расчеты результатов измерения;

б) устройство сопряжения с программатором: согласование уровней токов и напряжений МК и программатора; формирование необходимых служебных команд и передачи потока данных;

в) контроллер интерфейса USB: согласование по электрическим параметрам интерфейса USB и МК; формирование всех необходимых команд;

г) устройство сопряжения с внешним интерфейсом: согласование по электрическим параметрам внешнего интерфейса, к которому могут подключаться такие же МУ в режиме «Ведущий»; формирование специфических команд управления на внешнем интерфейсе;

д) аналого-цифровой преобразователь: преобразование показаний тензорезистивного датчика в величину, удобную для обработки в МК. Для согласования с различными типами датчиков необходимо использование прецизионного усилителя;

е) источник питания (ИП) позволит использовать устройство даже там, где нет стационарных электрических сетей. Устройство мониторинга напряжения питания позволит обеспечить стабильность работы устройства;

ж) устройство индикации (УИ) режимов работы и результатов измерений;

з) устройство подачи команд управления: для выбора тех или иных режимов работы и запуска процесса измерения устройства;

и) энергонезависимая память программ (с возможностью перепрограммирования) и данных: хранение кода программ работы и промежуточных результатов соответственно;

к) контроллер прерываний (КП): возможность введения режима «Sleep»; обслуживание событий алгоритма работы (запрос на измерение от клавиатуры МУ, запрос на работу с персональным компьютером, запрос на работу с внешними МУ и т. д).

Остальные блоки являются стандартными для многих семейств МК.

Таким образом, применение микроконтроллера, схемотехническая реализация, а также открытый программный код, позволяют реализовать электронное устройство с высокой функциональностью, легкой адаптацией под различный объекты и задачи, а также гибкостью алгоритмов работы при невысокой стоимости.

Литература:

1. Электронная страница компании «KYOWA» [Электронный ресурс] : Тензометрический модуль DBU-120A. Техническая документация – Режим доступа: http://kyowa.ru/products/acquisition/bridge_unit.htm, свободный. – Загл. с экрана.

2. Электронная страница компании «KYOWA» [Электронный ресурс] : Тензометрический интерфейс PCD-300A. Техническая документация – Режим доступа: http://kyowa.ru/products/acquisition/pdf/pcd_300.pdf, свободный. – Загл. с экрана.

Ахметов Б.С.[1], Аналиева А.У.[2], Киселева О.В.[3], Харитонова Е.П.[4]

1- доктор технических наук, профессор, Казахский национальный технический университет имени К.И. Сатпаева, директор ИИТТ
2- соискатель ученой степени канд.техн.наук, Пензенский государственный университет, НОК КазИИТУ, зав. технич. Отделением колледжа
3- докторант PhD, Казахский национальный технический университет имени К.И. Сатпаева, спец. 6D070300-Информационные системы
4- бакалавр, Пензенский государственный технологический университет, спец. 280202 - инженер-эколог

АВТОМОБИЛЬНЫЙ ВАРИАНТ ОБЪЕКТОВОГО БЛОКА ИНТЕГРИРОВАННОЙ ON-LINE СИСТЕМЫ КОНТРОЛЯ ЗАГРЯЗНЕНИЙ ОКРУЖАЮЩЕЙ СРЕДЫ

Аннотация. В статье рассмотрена структура автомобильного варианта объектового блока (ОБ) интегрированной системы ON-LINE контроля загрязнений окружающей среды, производимых техногенными объектами. ОБ имеет выход в системы сотовой связи. Результаты контроля запоминаются во встроенной памяти с привязкой к местности и астрономическому времени и могут быть переданы как в режиме ON-LINE, так и в ретроспектном формате по запросам через системы сотовой связи.

Ключевые слова: техногенный объект, автомобильный вариант, двухпараметровый объектовый блок, контроль нештатных ситуаций, датчики CO_2 и NO_2, аналого-цифровой преобразователь, микропроцессорное устройство, термобатарея.

В разряде интегрированных ON-LINE информационно-измерительных систем (ИИС) контроля [1,2,3] особое место занимают системы контроля загрязнений окружающей среды (ЗОС), производимых техногенными объектами [4,5]. Особенностью интегрированных ON-LINE систем ЗОС является необходимость установки объектовых блоков (ОБ) на транспортных средствах (ТС). При этом ОБ должны иметь защиту от несанкционированного их отключения и обладать высокой физической и информационной надежностью в жестких условиях эксплуатации [6]. В ряде случаев необходима идентификация их местонахождения и регистрация маршрута движения ОБ ТС с возможностью последующего считывания результатов контроля как через сеть сотовой связи, так с помощью съемного накопителя. Кроме того, необходимо обеспечить полную автономность электрического питания ОБ ЗОС без его подключения к бортовой сети автомобиля. Все эти требования дополняют условия по объективному ON-LINE и накопительному контролю от одного до нескольких параметров ЗОС.

За последние десятилетия человечество окончательно убедилось, что первым виновником загрязнения атмосферного воздуха — одного из основных источников жизни на нашей Планете, является детище научно-технического прогресса — автомобиль. Автомобиль, поглощая столь необходимый для протекания жизни кислород, вместе с тем интенсивно загрязняет воздушную среду токсичными компонентами, наносящими ощутимый вред всему живому и неживому. Вклад автотранспорта в загрязнение окружающей среды, в основном атмосферы, составляет — 60 - 90%.

Угарный газ и окислы азота, столь интенсивно выделяемые на первый взгляд невинным голубоватым дымком глушителя автомобиля — вот одна из основных причин головных болей, усталости, немотивированного раздражения, низкой трудоспособности. Сернистый газ способен воздействовать на генетический аппарат, способствуя бесплодию и врожденным уродствам, а все вместе эти факторы ведут к стрессам, нервным проявлениям, стремлению к уединению, безразличию к самым близким людям. В больших городах также более широко распространены заболевания органов кровообращения и дыхания, инфаркты, гипертония и новообразования. По расчетам специалистов, «вклад» автомобильного транспорта в атмосферу составляет до 90% по окиси углерода и 70% по окиси азота.

CO (оксид углерода) — этот газ без цвета и запаха, более легкий, чем воздух. Образуется на поверхности поршня и на стенке цилиндра, в котором активация не происходит вследствие интенсивного теплоотвода стенки, плохого распыления топлива и диссоциации CO_2 на CO и O_2 при высоких температурах.

Во время работы дизеля концентрация CO незначительна (0,1...0,2%). У карбюраторных двигателей при работе на холостом ходу и малых нагрузках содержание CO достигает 5...8% из-за работы на обогащенных смесях. Это достигается для того, чтобы при плохих условиях смесеобразование обеспечить требуемое для воспламенения и сгорания число испарившихся молекул.

NO_X (оксиды азота) — самый токсичный из отработанных газов.

N — инертный газ при нормальных условиях. Активно реагирует с кислородом при высоких температурах.

Выброс с ОГ зависит от температуры среды. Чем больше нагрузка двигателя, тем выше температура в камере сгорания, и соответственно увеличивается выброс оксидов азота.

Кроме того, температура в зоне горения (камера сгорания) во многом зависит от состава смеси. Слишком обедненная или обогащенная смесь при горении выделяет меньшее количество теплоты, процесс сгорания замедляется и сопровождается большими потерями теплоты в стенке, т.е. в таких условиях выделяется меньшее количество NO_2, а выбросы растут, когда состав смеси близок к стехиометрическому (1 кг топлива к 15 кг воздуха). Для дизельных двигателей состав NO_2 зависит от угла опережения впрыска топлива и периода задержки воспламенения топлива. С увеличением угла опережения впрыска топлива удлиняется период задержки воспламенения, улучшается однородность топливовоздушной смеси, большее количество топлива испаряется, и при сгорании резко (в 3 раза) увеличивается температура, т.е. увеличивается количество NO_2 [7]. Вклад остальных составляющих отработанных газов автомобиле существенно ниже, поэтому за базовый вариант ОБ для автомобиля можно принять двухпараметровый вариант контроля по CO_2 и по NO_2

На рисунке 1 представлена структурная схема двухпараметрового ОБ с навигационной системой GPS и автономным электропитанием от термобатареи, смонтированной на выхлопной трубе автомобиля.

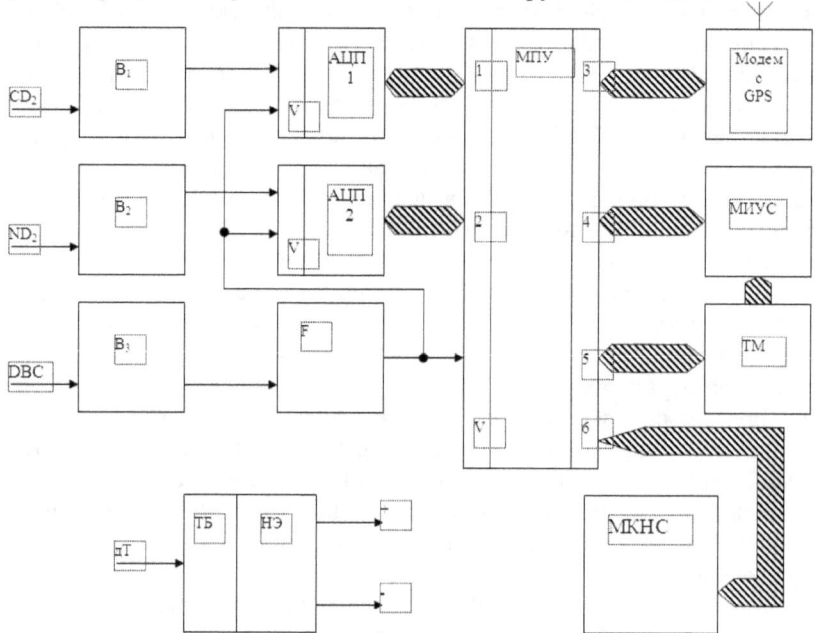

Рисунок 1. Структура двухпараметрового ОБ с навигационной системой GPS и автономным электропитанием от термобатареи

В состав ОБ входят датчики B_1 и B_2 CO_2 и NO_2 , аналого-цифровые преобразователи $АЦП_1$ и $АЦП_2$ сигналов датчиков B_1 и B_2 в код, микропроцессор МПУ, модем с системой навигации GPS, модуль индикации, управления и сигнализации МИУС с таймером астрономического времени ТМ, разъем X_1 для подключения внешнего съемного флеш-накопителя, модуль контроля нештатных ситуаций МКНС и автономный модуль питания в составе термогенератора и электрического накопителя НЭ. ОБ монтируется поблизости в непосредственной близости от выхлопной трубы автомобиля, причем датчики B_1 и B_2 должны устанавливаться на выходе выхлопной трубы, а термогенератор – на участке трубы, наиболее защищенном от случайных повреждений. Управление режимами работы ОБ обеспечено с выхода формирователя F от датчика B_3 контроля работы двигателя внутреннего сгорания (ДВС) автомобиля.

Во время работы ДВС с выхода формирователя F инициируется сигнал $U_p = 1$, разрешающий работу АЦП и МПУ в режиме ON-LINE контроля ЗОС и накопления информации во встроенном накопителе с привязкой к астрономическому времени и координатам местоположения автомобиля. Разрешен обмен информацией с групповым блоком интегрированной системы ON-LINE контроля ЗОС через модем с GPS. С помощью МКНС осуществляется контроль целостности датчиков, работоспособности термобатареи, запаса энергии накопителя энергии НЭ и отсутствия вскрытия ОБ. Значения параметров CO_2 и NO_2 через определенные интервалы отсчета заносятся во внутреннюю память МПУ с привязкой к месту нахождения ОБ и астрономическому времени. В качестве основы программно-аппаратной реализации ОБ может служить моноблочный метеокомпьютер [8] с использованием соответствующих датчиков, дополнением МКНС и с обеспечением работоспособности в жестких условиях эксплуатации.

При выключенном ДВС АЦП и МПУ переведены в режим ожидания с сохранением рабочего режима модема с GPS, МИУС и МКНС. При возникновении любой нештатной ситуации МКНС формирует соответствующий сигнал, который запоминается во встроенной памяти, индицируется в МИУС и транслируется на групповой блок системы. Возможно как дополнение ОБ другими датчиками и АЦП ЗОС, так и модификация программы его работы в зависимости от исходных требований.

В зависимости от применения в составе МИУС может присутствовать сенсорная клавиатура для выбора того или иного алгоритма управления ОБ.

Источники информации.
1. Харитонов П.Т. Способ и система индивидуального учета загрязнений окружающей среды, производимых техногенными объектами. Заявка RU №2008102142 от 18.01.2008г. на изобретение.

2. Богородский Я.Ю., Вечкина А.В., Вишневский С.А., Харитонов П.Т. Интегрированная система объективного метеоконтроля для пользователей ПК и мобильных телефонов. Каталог Салона АРХИМЕД 2010, Москва, 2010, *с.218* .

3. Аналиева А.У., Харитонов П.Т. Интегрированная система ON-LINE контроля метеоусловий на основе радиопередающих флюгеров. Сб. статей XI МНПК «Экология и ресурсо-энергосберегающие техноологии на предприятиях народного хозяйства. Пенза, 2011, с.70-72.

4. Мукажанов Н.К., Сауанова К.Т. , Харитонов П.Т. Постановка задачи исследования, разработки мат. аппарата и ПО для автоматизированного проектирования систем ON-LINE контроля состояния окружающей среды. Труды II Международной НПК «Информационно- инновационные технологии: инновация науки, образования бизнеса». РК. г. Алматы, КазНТУ, 1-2 дек. 2011, том 2, с.212-214.

5. Ахметов Б.С., Айтимов М. ., Маликова Ф.У., Харитонов П.Т. Система контроля загрязнений окружающей среды, производимых техногенными объектами. Заявка KZ №2014/1599.1 от 11.04.2014г. на инновационный патент РК.

6. Бейсембекова Р.Н., Харитонов П.Т. К вопросу об информационной безопасности сотовых on-line систем контроля физических параметров. Сб. научных тр. по матер. заочн. МНПК от 30.11.2012г., Липецк, с.141-143.

7. Односумова Л.И. Реферат «Влияние автотранспорта на окружающую среду». ГОУ ВПО «Санкт-Петербургский ЛЭТИ», 2007, каф. Инженерной защиты окружающей среды.

8. Аналиева А.У., Айтимов М.Ж., Харитонов П.Т. Перспективы построения моноблочного метеокомпьютера. Материалы IV Международной научно-практической конференции «Научные аспекты инновационных исследований». Самара, ООО «Аспект», декабрь 2013,, с.14-18.

Харитонов П.Т[1], Ахметов Б.С[2], Балгабаева Л.Ш.[3], Киселева О.В.[4]

1- кандидат технических наук, профессор, международный консорциум НИИКЭНТ, Вице-президент, г. Пенза
2- доктор технических наук, профессор, Казахский национальный технический университет имени К.И. Сатпаева, директор ИИТТ
3- кандидат технических наук, доцент, Казахский национальный технический университет имени К.И. Сатпаева, зав.кафедрой ИТ
4- докторант PhD, Казахский национальный технический университет имени К.И. Сатпаева, спец. 6D070300-Информационные системы

ЭКСТРЕМАЛЬНЫЙ РЕГУЛЯТОР ОТБИРАЕМОЙ МОЩНОСТИ ОТ ЭЛЕКТРИЧЕСКОГО ГЕНЕРАТОРА МОБИЛЬНЫХ МИКРО ГЭС С ИНФОРМАЦИОННЫМИ СИСТЕМАМИ

Проблема обеспечения высокой энергоотдачи при минимальных массо-габаритных характеристиках и стоимости мобильных микро ГЭС может быть решена за счет полного преобразования механической энергии вращения ротора электрического генератора в электрическую энергию [1] и при использовании низкооборотных электрических генераторов с компенсацией сил магнитного удержания ротора [2,3,45]. Низкооборотные электрические генераторы позволяют прямое, без повышающих передач, соединение гидродвижителя с ротором электрического генератора. При этом, в зависимости от скорости водного потока, угловая скорость вращения ротора электрического генератора на холостом ходу находится в пределах от 10 об/мин до 150 об/мин. Подключение нагрузки к выходу электрического генератора ведет к росту момента вращения и к снижению угловой скорости вращения его ротора. Если к выходу электрического генератора подключить регулятор тока его нагрузки и управлять им с выхода экстремального регулятора мощности, то в нагрузку будет подаваться максимально возможные значения для данной скорости водного потока. В качестве нагрузки электрического генератора используется электрический аккумулятор, с выходов которого через инвертор или непосредственно могут получать электрическое питание различные потребители. Питание потребителей нормированным выходным напряжением от электрического аккумулятора гарантирует их бесперебойное питание независимо от скорости водного потока. Более того, возможно электрическое питание потребителей, мощность которых существенно превышает среднюю и мгновенную мощности электрического генератора.

Структура экстремального регулятора электрической мощности, отбираемой с выхода электрического генератора, приведена на рис. 1. Низкооборотный электрический генератор GA преобразует энергию потока угловую скорость вращения ротора υ_p в электрические напряжение U и ток I. Выход GA через амперметр A подключен вход регулятора тока $I_{\text{н}}$ нагрузки генератора. Значения тока $I_{\text{н}}$ и напряжения U постоянно действуют на входах цифрового ваттметра W, выходной код N_w которого подается на цифровые входы D микропроцессора АУ. Микропроцессор с интервалом $t_{\text{и}}$ производит сравнение предыдущего и действующего значения кодов N_w и по результатам сравнения корректирует значение кода N_y на своих цифровых выходах.

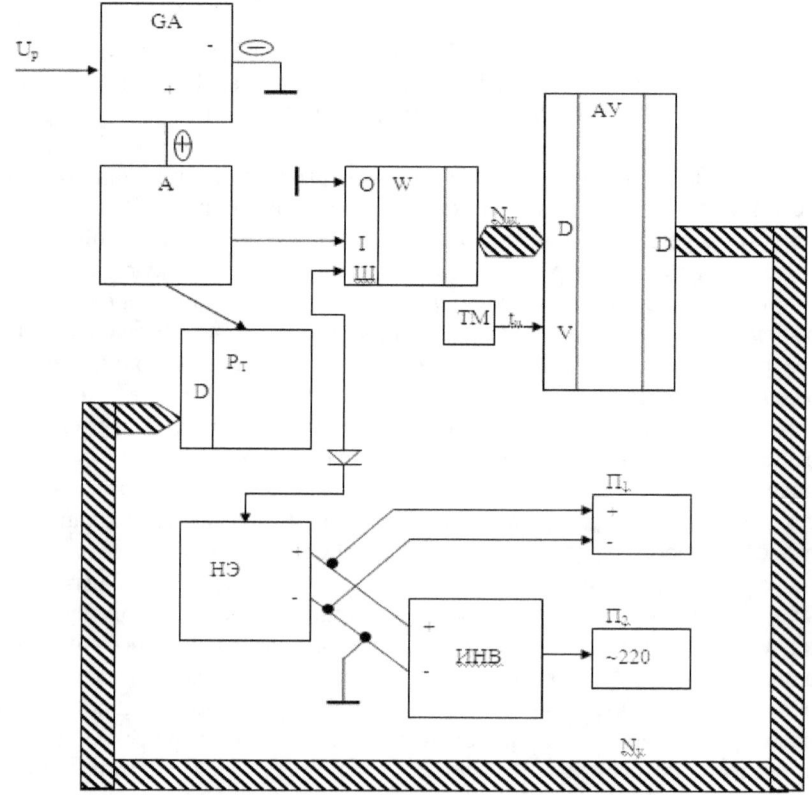

Рисунок 1. Структура экстремального регулятора мощности, отбираемой от электрического генератора микро ГЭС

При меньшем значении действующего значения кода N_w по сравнению с предыдущим на выходах АУ код N_y корректируется в сторону уменьшения тока $I_н$ нагрузки генератора. Как следствие, механический момент торможения ротора генератора GA снижается, а угловая скорость его вращения возрастает. При этом повышается напряжение U и значение кода N_w на выходах ваттметра W. При достижении положительной разности предыдущего и действующего кодов N_w на выходах АУ формируется корректирующий код N_y для увеличения тока $I_н$ нагрузки генератора. В итоге регулятор рисунке 1 обеспечивает поддержание значения тока $I_н$ нагрузки генератора в области максимальной электрической мощности, снимаемой с его выхода при разных значениях угловой скорости $v_р$ вращения ротора и гидродвижителя. Интервал $t_и$ корректировки следует выбирать в пределах (0,5-5) секунд с учетом инерционности механической части микро ГЭС.

Предложенный экстремальный регулятор найдет применение в различных вариантах мобильных поплавковых микро ГЭС [6,7].

Источники информации

1. Харитонов П.Т. и др. Система бесперебойного электропитания потребителей от ветроагрегатов. Пат.RU №104253 от10.05. 2011 г. на ПМ.

2. Харитонов П.Т. Способ и устройство взаимной компенсации тормозящих сил в электрическом генераторе с постоянными магнитами. Патент RU №2394336 от 10.07.2010/

3. Ахметов Б.С., Харитонов П.Т. Электрический генератор с компенсацией сил магнитного удержания ротора. Патент KZ №26179 от 14.09.2012, Б.И. №9.

4. Ахметов Б.С., Харитонов П.Т., Чеботарь А.Е. Электрическая машина с дисковым ротором. Патент RU №2505910 от 27.01.2014.

5. Ахметов Б.С., Киселева О.В., Харитонов П.Т. Электрический генератор с компенсацией сил магнитного удержания ротора. Заявка KZ №2014/0077.1 от 22.01.2014 в НИИС РК на инновационный патент.

6. Ахметов Б.С., Харитонов П.Т. Мобильная микро ГЭС. Заявка № 06809.2013/0323.1 от 09.06.2013г. на инновационный патент РК.

7. Ахметов Б.С., Балгабаева Л.Ш., Киселева О.В., Харитонов П.Т. Мобильная микро ГЭС. Заявка №2013/1459.1 от 30.10.2013г. на инновационный патент РК.

Куц Д.В., Заводовский В.Б.

Волгоградский государственный технический университет

degeron@gmail.com, iolife@mail.ru

СПОСОБЫ ИСПОЛЬЗОВАНИЯ СОПРОЦЕССОРОВ АРХИТЕКТУРЫ INTEL MIC В ВЫСОКОПРОИЗВОДИТЕЛЬНЫХ ВЫЧИСЛЕНИЯХ

Введение

Долгое время на рынке высокопроизводительных вычислений ведущую роль занимали решения, содержащие ускорители компании NVidia. В 2012 году компания Intel представила сопроцессор под названием Xeon Phi, представляющий собой результат разработок последних лет, в частности архитектуры Intel MIC. А уже в июле 2013 года китайский суперкомпьютер Tianhe-2, оборудованный данными сопроцессорами, вышел на первое место в мире по производительности, согласно рейтингу суперкомпьютеров TOP500 [1].

Согласно спецификациям, в основе архитектуры Intel MIC лежит ядро Intel Pentium, в котором убрали векторные SIMD-расширения, такие как MMX, SSE, AVX, оставив только последнюю версию AVX-512. Выпускаются ядра по техпроцессу в 22 нм, что обеспечивает низкое энергопотребление и большую производительность на 1 ватт электроэнергии. Один сопроцессор содержит в себе 60 доступных для использования физических ядер, что в сочетании с технологией Hyper Threading позволяет выполнять до 240 потоков одновременно. Все ядра объединены двунаправленной кольцевой шиной. Доступно 8 Гб высокоскоростной GDDR5 памяти с максимальной пропускной способностью в 352 Гб/с. Все это позволяет достигнуть максимальной производительности в 1056 Гфлопс в операциях с числами с плавающей точкой двойной точности Схема сопроцессора предоставлена на рисунке 1.

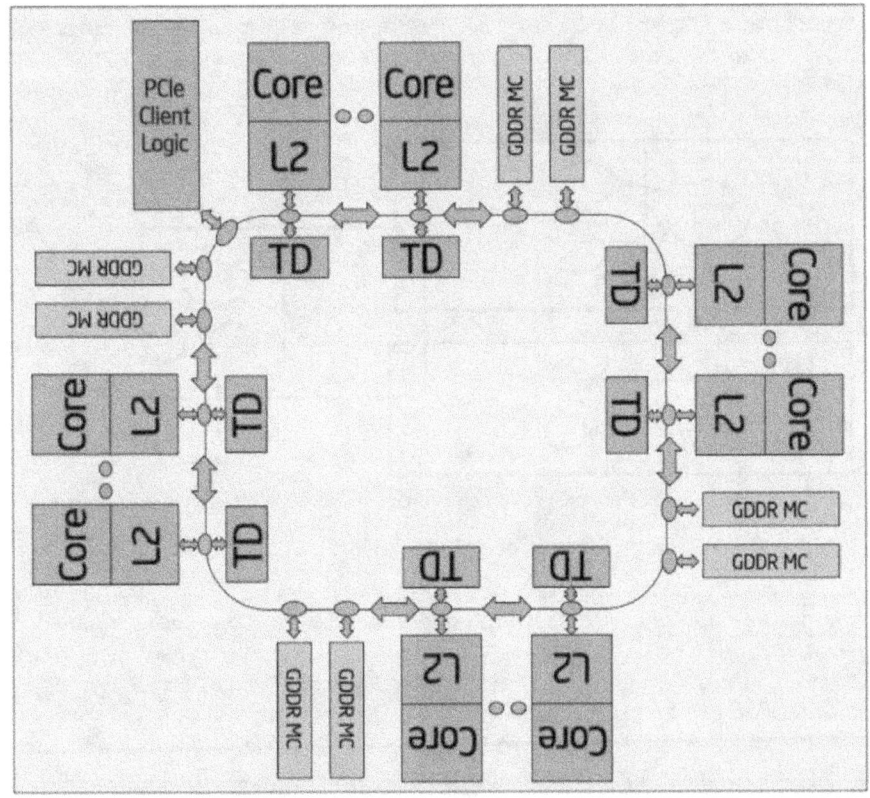

Рисунок 1. Архитектура Intel MIC

Для обеспечения работы сопроцессора в основной системе был разработан набор API под общим названием MPSS (Manicore Platform Software Stack). Одну из ключевых ролей в обеспечении работы сопроцессора играет технология SCIF (Symmetric Communications Interface), реализующая взаимодействие между сопроцессором и основной системой по шине PCI Express.

Большинство существующих на данный момент научных приложений, активно используемых в современных суперкомпьютерах, написано довольно давно и, как правило, без учета современных многоядерных архитектур. Поэтому крайне важной становится задача оптимизация исходного кода данных программ для поддержки современных параллельных архитектур. Компания Intel, разрабатывая свой вариант ускорителя, предусмотрела данную проблему и предоставила разработчикам несколько простых способов портирования кода. Помимо использования технологии OpenCL [2], являющейся одной из самых популярных технологий, позволяющих задействовать в вычислениях различные многоядерные архитектуры, в том числе видеоускорители и ПЛИС, предлагается несколько новых способов выполнения вычислений с учетом сопроцессора. Это режимы Native, Symmetric, Offload. Схема работы каждого режима показана на рисунке 2.

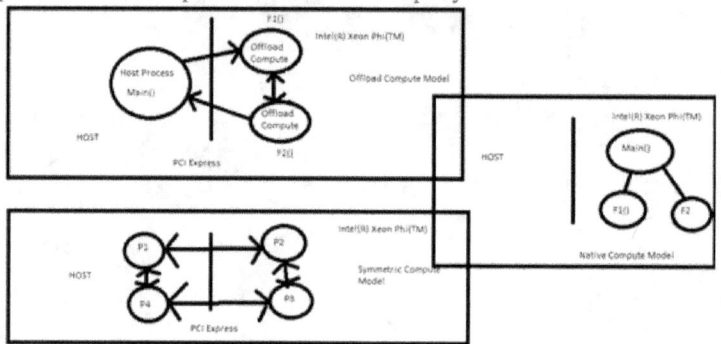

Рисунок 2. Способы использования сопроцессора Intel Xeon Phi

Запуск программы непосредственно на сопроцессоре

Данный режим в документации называется "native". При этом программе доступны все ресурсы сопроцессора. Приложения для данного режима работы должны быть скомпилированы со специальным флагом (в наборе компиляторов Intel это флаг -mmic), благодаря которому компилятор сгенерирует объектный файл, включающий в себя инструкции для работы с 512-битными регистрами AVX-512. Перенос исполняемого файла и всех библиотек, требуемых для работы, производится вручную.

В 2013 году группа исследователей из индийского Центра Развития Перспективных Вычислений (Centre for Development of Advanced Computing) предоставили отчет по производительности сопроцессоров архитектуры Intel MIC в различных вариантах использования [3]. В частности, ими были проведены измерения производительности операции LU-разложения. Результаты измерения приведены на рисунке 3.

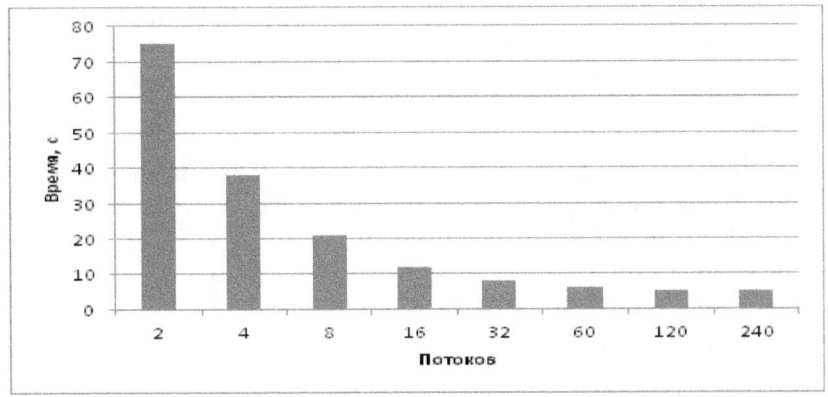

Рисунок 3. Время работы теста LU разложения

Для понимания того, как масштабируются приложения, активно использующие технологию OpenMP, необходимо оценить накладные расходы, связанные с вызовом соответствующих конструкций. Синхронизация потоков является одним из основных узких мест. В 2012 году специалисты Рейнско-Вестфальского технического университета Ахена провели временную оценку этих накладных расходов с помощью специального теста под названием "syncbench" из набора тестов под общим названием "EPCC Microbenchmarks" [4]. Для исследования были взяты конструкции "parallel for", "barrier" и "reduction". Результаты приведены в таблице 1.

Таблица 1

Результат работы теста на сопроцессоре Intel Xeon Phi

Количество потоков	parallel for	barrier	reduction
1	2.01	0.08	2.31
2	4.32	1.28	4.28
4	7.63	2.49	7.39
8	12.24	4.56	12.39
16	13.81	5.83	21.60
30	15.85	8.20	24.79
60	17.71	9.96	29.56
120	20.47	11.79	34.61
240	27.55	13.36	48.86

Для сравнения был проведен тот же тест на вычислительном узле, содержащем 16 процессоров Intel Xeon X7550 и позволяющем выполнять 128 потоков одновременно. Результаты измерений показаны на таблице 2.

Таблица 2

Результат работы теста на обычном вычислительном узле

Количество потоков	parallel for	barrier	reduction
1	0.27	0.005	0.28
2	8.10	2.50	7.34
4	9.55	4.69	9.75
8	18.63	8.52	27.18
16	22.78	8.83	37.46
32	25.16	12.34	42.47
64	43.56	15.57	60.63
128	59.04	20.61	80.79

Как видно из приведенных выше результатов, даже несмотря на то, что при увеличении количества потоков пропорционально увеличивается трудозатраты на их синхронизацию, сопроцессор справляется с этой задачей лучше чем ЦПУ. Это объясняется тем, что расстояние между двумя ядрами в сопроцессоре меньше, так как все ядра объединены одной шиной, в то время как в обычной системе межсокетное взаимодействие довольно затратная в плане времени процедура.

Симметричный режим работы.

В данном режиме сопроцессор выполняет роль обычного вычислительного узла и может работать независимо от основной системы. Сопроцессор может использовать сетевую карту основной системы для создания сетевого интерфейса и работы через него с остальными вычислительными узлами, но скорость работы такого интерфейса низкая, порядка 400 Мбит/с. Также для связи между сопроцессорами или сопроцессором и основной системой может быть использован сетевой интерфейс, содранный поверх шины PCI Express с помощью технологии SCIF. Она так же обеспечивает связь сопроцессора с InfiniBand-адаптером для дальнейшего обмена данными по шине InfiniBand с основной системой, а так же другими вычислительными узлами и сопроцессорами. Пропускная способность такого обмена ограничена только пропускной способностью шины PCI Express и может достигать 7 Гбит/с. Подробнее схема связи сопроцессора показана на рисунке 4.

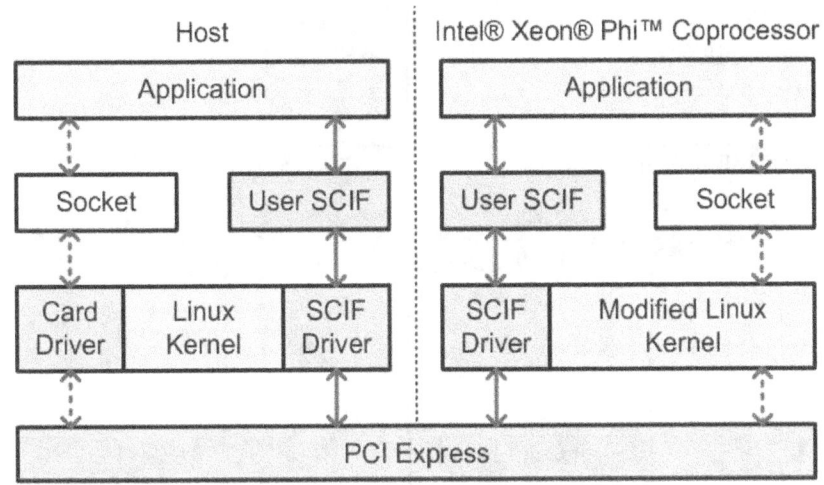

Рисунок 4. Схема связи сопроцессора с ЦПУ

Основными проблемами работы приложений в данном режиме является то, что производительность узлов получается разная, поэтому необходимо распределять задачу (если говорить о приложениях, использующих технологию MPI) неравномерно, отдавая на сопроцессор больше работы чем на основную систему. Это требует большой модификации кода, поэтому этот способ мало распространен.

Перенос части вычислений на сопроцессор

Данный режим наиболее распространен на текущий момент. Ключевое преимущество заключается в том, что для использования сопроцессора требуется малый объём работы по модификации кода приложения. В этом режиме на сопроцессор переносятся только наиболее ресурсоемкие вычисления. Это достигается использованием механизма COI (Coprocessor offload infrastructure). Совместно с выходом на рынок сопроцессора, компания Intel предоставила набор компиляторов Intel Parallel Composer, поддерживающих автоматический перенос вычислений на Xeon Phi. Это обеспечивается введением в код приложения специализированных прагм - ключевых слов, показывающих компилятору, какие данные и команды надо выполнить на сопроцессоре. После компиляции получается один исполняемый файл, который содержит в себе 2 бинарных файла, один из которых во время запуска загружается на сопроцессор и работает там. Схема работы приложения в данном режиме предоставлена на рисунке 5.

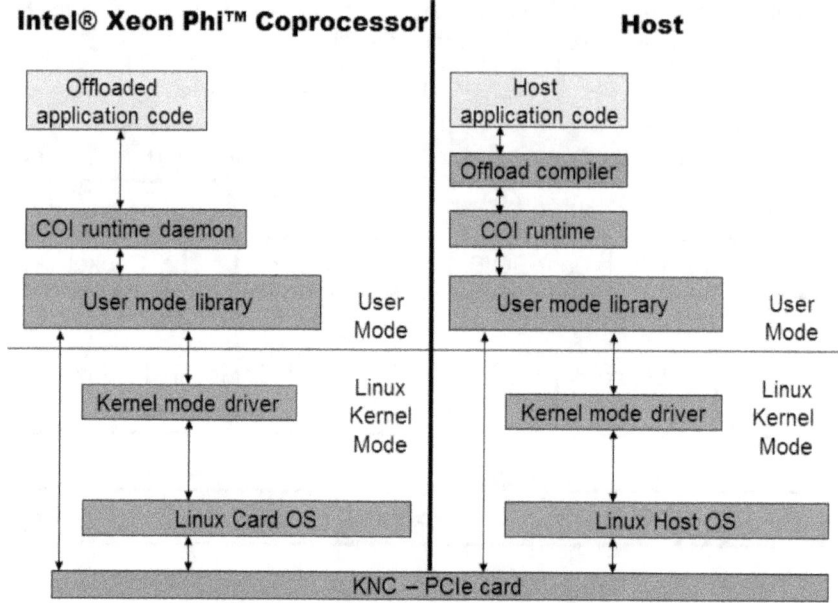

Рисунок 5. Схема работы приложения в режиме Offload

Однако в данный момент компиляторами компании Intel поддерживаются только простые типы данных, о поддержке классов в языке C++ и Fortran речи не идет. Данный недостаток пыталась исправить группа исследователей из Венского Университета, предоставив свою версию технологии offload, предназначенной для работы с библиотекой шаблонов Intel TBB и обеспечивающей работу со сложными типами данных в языке C++. [5]

Все выше сказанное делает данный режим работы наиболее привлекательным для разработчиков. Поэтому существует множество работ, посвященных оптимизации уже существующего исходного кода для работы с сопроцессором в данном режиме. Сюда входят как математические библиотеки, так и научные приложения.

Компания Intel в 2012 году выпустила версию математической библиотеки MKL с поддержкой переноса расчётов на сопроцессор. Как заявлено в описании [6], поддерживаются все стандартные матричные операции из наборов BLAS и LAPACK.

В 2014 году группа исследователей из Австралийского Национального Университета и Университета науки и техники штата Айова провели исследование и сравнили производительность версии библиотеки MKL с поддержкой сопроцессора и библиотеки cuBLAS, обеспечивающей поддержку ускорителя NVIDIA Tesla K20 [7]. Для исследования был взят алгоримт DGEMM, выполняющий умножение 2 матриц вещественных чисел двойной точности. Для тестирования были использованы различные варианты разделения работы:

1. включение технологии MKL Auto Offload без указания какую часть работы производить на сопроцессоре, а какую на ЦПУ (на графике - Intel Phi 5110P AUTO Unspecified);

2. включение технологии MKL Auto Offload с указанием, что 75% работы необходимо произвести на сопроцессоре (на графике - Intel Phi 5110P AUTO 75%);

3. вариант, когда данные сперва загружаются на сопроцессор, а после вычислений выгружаются обратно (на графике - Intel Phi 5110P CAO);

4. включение технологии MKL Auto Offload с указанием, что 100% работы необходимо произвести на сопроцессоре (на графике - Intel Phi 5110P AUTO 100%);

5. включение технологии MKL Auto Offload без указания какую часть работы производить на сопроцессоре, а какую на ЦПУ, используется 2 сопроцессора одновременно (на графике - Intel Phi 5110P AUTO Unspecified (x2));

6. выполнение данного теста на ускорителе NVIDIA Tesla K20 (на графике - NVIDIA K20).

На графике на рисунке 6 показано ускорение относительно производительности данного теста на системе с 2 процессорами Intel Xeon E5-2650.

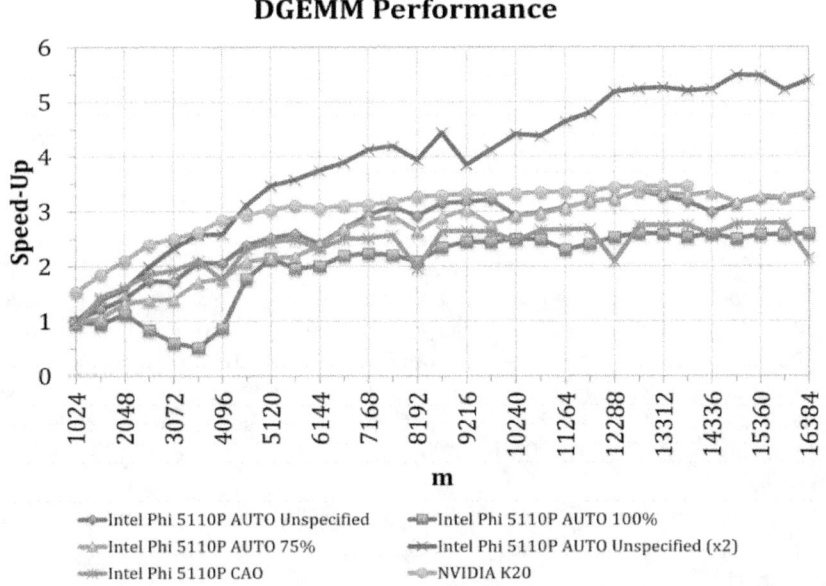

Рисунок 6. Результаты сравнения производительности для операции матричного умножения DGEMM для чисел двойной точности

Как можно заметить из графика, при ручной загрузке данных на сопроцессор, производительность не намного выше, чем при включении автоматического переноса вычислений в библиотеке MKL (тест № 4). В то же время, если смотреть на график, можно увидеть, что автоматическое разделение работы между сопроцессором и ЦПУ дает выигрыш в производительности.

Заключение.

В данной работе была рассмотрена архитектура сопроцессора Intel Xeon Phi. Так же в работе были рассмотрены типовые варианты использования сопроцессора и сделан вывод о применимости каждого из них в различных задачах. Как показывают исследования, наибольшую производительность можно получить при запуске приложения непосредственно на сопроцессоре, однако для этого необходимо сильно модифицировать исходный код приложения и алгоритмы его работы с учетом специфики архитектуры. С другой стороны, автоматический перенос части вычислений на сопроцессор является довольно простой операцией благодаря поддержке компиляторами технологии COI (Coprocessor Offload Interface). А при использовании специализированных математических библиотек, например Intel Math Kernel Library, уже оптимизированных для работы с сопроцессором, перенос вычислений будет происходить автоматически, что не требует никаких дополнительных усилий от разработчика.

Источники

1. TOP500 [Электронный ресурс] : Материал из Википедии — свободной энциклопедии : Версия 63058944, сохранённая в 06:43 UTC 14 мая 2014 / Авторы Википедии // Википедия, свободная энциклопедия. — Электрон. дан. — Сан-Франциско: Фонд Викимедиа, 2014. — Режим доступа: http://ru.wikipedia.org/?oldid=63058944
2. OpenCL* Design and Programming Guide for the Intel® Xeon Phi™ Coprocessor [Электронный ресурс] — Режим доступа: https://software.intel.com/en-us/articles/opencl-design-and-programming-guide-for-the-intel-xeon-phi-coprocessor (дата обращения: 21.05.2014).
3. Evaluation of Rodinia Codes on Intel Xeon Phi [Текст] / G. Misra, N. Kurkure, A. Das, M. Valmiki, S. Das, A. Gupta // Intelligent Systems Modelling & Simulation (ISMS), 2013 4th International Conference on IEEE, 2013. — C. 415–419.
4. OpenMP Programming on Intel R Xeon Phi TM Coprocessors: An Early Performance Comparison [Текст] / T. Cramer, D. Schmidl, M. Klemm, D. an Mey — 2012.

5. Efficient Hybrid Execution of C++ Applications using Intel (R) Xeon Phi (TM) Coprocessor [Текст] / J. Dokulil, E. Bajrovic, S. Benkner, S. Pllana, M. Sandrieser, B. Bachmayer // arXiv preprint arXiv:1211.5530. — 2012.

6. Math Kernel Library Automatic Offload for Intel® Xeon Phi^{TM} Coprocessor [Электронный ресурс] — Режим доступа: https://software.intel.com/en-us/articles/math-kernel-library-automatic-offload-for-intel-xeon-phi-coprocessor (дата обращения: 20.05.2014).

7. Quantum Chemical Calculations Using Accelerators: Migrating Matrix Operations to the NVIDIA Kepler GPU and the Intel Xeon Phi [Текст] / S.S. Leang, A.P. Rendell, M.S. Gordon // Journal of Chemical Theory and Computation. — 2014. — Т. 10, № 3. — С. 908–912.

Volgina L.V.
Professor, Ph.D (technical science),
Moscow State University of Civil Engineering
volgin-gv@mail.ru

REYNOLDS-STRESS PROFILES AND SPECTRA IN OPEN CANNEL FLOW

The distribution of turbulent shear stresses in constant pressure gradient flows (or uniform flows) is linear. Reynolds-stress (due to turbulent mixing) and viscous stress (due to friction force) are parts of total or full shear stress (according Bahmetiev's hypothesis [2]):

$$\tau_{\Sigma} = \mu \frac{du_x}{dz} + \rho \overline{u'_x u'_z} .\qquad(1)$$

Where τ_{Σ} is full shear stress. $\mu \dfrac{du_x}{dz}$ is viscous stress. μ - is viscosity. u_x is longitudinal velocity. ρ is density. u'_x , u'_z are longitudinal and vertical velocity components (pulsations). Horizontal line is averaging also called the correlation moment.

In central (main) part of the flow viscous stresses not great [1]; thus in further calculations full shear stress is numerically equal to the Reynolds-stress.

The Reynolds-stress profiles, given in Fig.1, retain their linear trend in central part of the flow (h is the depth of the open channel flow. i – is hydraulics slope).

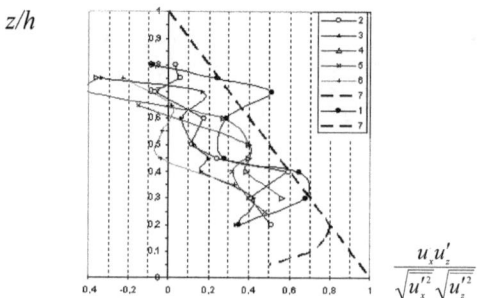

Experimental data (author) (h=4cm: 1 - i=0.072; 2 – i=0.150; 3 – i=0.232; 4 – i=0.37; h=3cm.: 5 – i=0.232; h=2sm.: 6 – i =232; 7- linear trend).

Fig.1. Reynolds-stress profiles.

On the bed of the cannel is maximum and Reynolds-stress are decreasing when depth is increasing. Correlation coefficient near the bed was 0.5 – 0.55 and on the top of the cannel was the minimum (about zero). However, it was the depth (area) when correlation coefficients are negative. Such fact as anti-gradient transfer was first find Dj. Laufer, K. Hangilich and B.Laufer in pressure flow in round pipe and channel with different roughness and in high alternation turbulent flow [5]. In our opinion, negative volume in correlation coefficient is due to existing unsteady secondary motions in the flow. Moreover the secondary motions can produce long term oscillations. In the other words are long periodic (live) turbulent vortexes.

There are many examples spatial correlations turbulent pulsation of shear stresses in problems of acoustics turbulent boundary layer [4] and wall turbulence [3]. In that works notice that cross mutual spectra have specific features refer to the actual article. These factors are:

- appearance near the wall structures (which can be long term vortexes);

- strong correlation between pressure pulsation and wall shear stresses in the small Strouhal's numbers.

Strouhal's number is similarity criteria for shear stresses spectra:

$$Sh = \frac{\omega v}{u_*^2} \ . \tag{2}$$

Where $v = \mu/g$, g is density. ω is circular frequency. u_* is friction velocity.

Example of shear stresses density spectra in universal form given in Fig.2.

Shape of shear stresses density spectra has any difference relate to the velocity pulsation spectra:

- shear stresses density spectra more linear;

- highly probably numeric value shear stresses density spectra are in (1,5-2,35)*Sh;

- close to the $\omega^{(-5/3)}$ Kolmogov spectra in the inertial range [6;7] .

Finally, because of correlation function in turbulent velocity pulsation secondary motion is the badly decaying function; time of living such motion can have long durations. And turbulent shear stresses determine long term unsteady secondary motions.

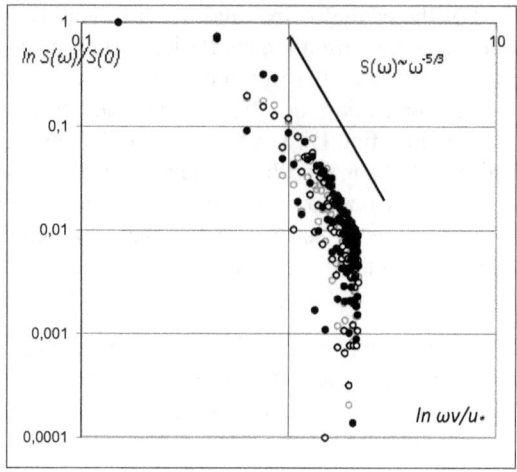

Fig.2. Example of shear stresses density spectra in universal form.

Bibliography

1. Borovkov V.S., Bryanskaya U.V., Volynov M.A., Suikova N.V. Perenos I osazhdenie melkodispersnoi vsvesi v turbulentnom vodnom potoke // Isvestiya BNIIG im B.E.Vedeneeva. 2012, v.265, p-52-60.
2. Carman F.T. Aeromechanic. Izbrannye temy v istoricheskom razvitii // Ishevsk: RDKH, 2001. - 208p.
3. Chase D.M. Fluctuations in wall-shear stress and pressure at low streamwise wavenumbers in turbulent boundary – layer flow // Journal of Fluid Mechanics. - 1991. - p.545-555.
4. Efimtsev B.M., Zosimiv V.V., Romashov A.V. O korrelatsii pulsatsii davleniya s kasatelnym napryazheniem v turbulentnom pogranichnom sloe. // Acoust jurnal. - 2003. v 49. - №1. – p.127-129.
5. Ilyushin B.B., Krasinkiy D.B. Modelirovanie dinamiki turbulentnoy krugloy ctrui metodom kruglykh vikhrey // Novosibirsk: Thermophysics and Aeromechanics, 2006, v.13, №1, p.49-61.
6. Gyr A., Schmid A. Turbulent flows over smooth erodible sand beds in flumes // Journal of hydraulic research. - 1997. –V. 35. – p.525-545.
7. Tchen C.M. On the spectrum of energy in turbulent shear flow // Journal of research of the National Bureau of Standards. - 1953. - V. 50. - №1. p.363-380

Knutova N.S., Shvarts K.G.
Perm State University, Perm, Russia

INFLUENCE OF SLOW ROTATION ON THE STABILITY OF A THERMOCAPILLARY ADVECTIVE LIQUID FLOW IN THE MICROGRAVITY SITUATION

The emergence of advection in the liquid layer is due to horizontal heterogeneity of density on the boundaries. The advection usually shows in the form of different flows, the difference from convective currents is perpendicularity of velocity to gravity and buoyancy [1; 2, 69; 3].

We consider a thermocapillary flow arising in a rotating thin infinite liquid layer in microgravity conditions. It is a plane infinite layer of incompressible fluid of width $2h$, rotating with a constant angular velocity Ω_0 in the Cartesian coordinates in the system $Oxyz$. The rotation axis conforms to the vertical coordinate axis Oz and rotation is slow. We assume that the Froude number [4] $Fr = \Omega_0^2 l / g \, \square \, 1$, is small, which allows us to neglect the centrifugal force near the vertical axis (l is a horizontal scale of the fluid motion). Also, we suppose that the pressure at the horizontal boundaries of the layer can be considered constant. Both boundaries of the layer are supposed to be plane and free and are subject to the tangential thermocapillary Marangoni force. A convective heat transfer at the boundaries is governed by Newton's law and the temperature of the fluid near the boundaries is a linear function of the coordinates $T_i = Ax$ [3] (A is a constant horizontal temperature gradient at the layer boundaries). The surface tension is considered to be linearly dependent on temperature T: $\sigma = \sigma_0 - \gamma(T - T_i)$, where γ is the temperature coefficient of the surface tension. The investigation is based on the equations in dimensionless form, using h, $h^2/2$, $\left(-\dfrac{d\sigma}{dT}\right)\dfrac{Ah}{\rho_0 \nu}$, Ah, $\left(-\dfrac{d\sigma}{dT}\right)A$ (where ν is the kinematic viscosity, ρ_0 is density of the fluid).

$$\frac{\partial u}{\partial t} + Mn\left[u\frac{\partial u}{\partial x} + v\frac{\partial u}{\partial y} + w\frac{\partial u}{\partial z}\right] - \sqrt{Ta}v = -\frac{\partial p}{\partial x} + \Delta u, \tag{1}$$

$$\frac{\partial v}{\partial t} + Mn\left[u\frac{\partial v}{\partial x} + v\frac{\partial v}{\partial y} + w\frac{\partial v}{\partial z}\right] + \sqrt{Ta}u = -\frac{\partial p}{\partial y} + \Delta v, \tag{2}$$

$$\frac{\partial w}{\partial t} + Mn\left[u\frac{\partial w}{\partial x} + v\frac{\partial w}{\partial y} + w\frac{\partial w}{\partial z}\right] = -\frac{\partial p}{\partial z} + \Delta w + \frac{Gr}{Mn}T, \tag{3}$$

$$\frac{\partial u}{\partial x} + \frac{\partial u}{\partial y} + \frac{\partial u}{\partial z} = 0, \tag{4}$$

$$\frac{\partial T}{\partial t} + Mn\left[u\frac{\partial T}{\partial x} + v\frac{\partial T}{\partial y} + w\frac{\partial T}{\partial z}\right] = -\frac{1}{Pr}\Delta T, \tag{5}$$

where p is pressure, u, v, w are components of the velocity vector, t is time, $Mn = \left(-\dfrac{d\sigma}{dT}\right)\dfrac{Ah^2}{\rho_0 v^2}$ is Marangoni number, $Ta = \left(\dfrac{2\Omega_0 h^2}{v}\right)^2$ is Taylor number, $Pr = \dfrac{v}{\chi}$ is Prandtl number, $Gr = \dfrac{g\beta A h^4}{v^2}$ is Grashof number, χ is the thermal diffusivity, $10^{-5} \le g \le 10^{-3}$ – acceleration of gravity in condition of microravity, β is the thermal expansion coefficient.

The boundary conditions at $z = \pm 1$:

$$\frac{\partial u}{\partial z} = -\frac{\partial T}{\partial x}, \frac{\partial v}{\partial z} = -\frac{\partial T}{\partial y}, \; w = 0, \; \frac{\partial T}{\partial z} = \mp Bi(T - x). \tag{6}$$

Here $Bi = \dfrac{bh}{\rho_0 v}$ is Biot number, b is the heat transfer coefficient.

Closed flow conditions: $\displaystyle\int_{-1}^{1} u\,dz = 0, \; \int_{-1}^{1} v\,dz = 0.$

The examined thermocapillary flow (1) – (5) with boundary conditions (6) is described analytically, being an exact solution of the Navier–Stokes equations. The exact solution for velocity is represented by complex-value function:

$$M(z) = -\frac{sh(\lambda z)}{\lambda ch(\lambda)} + \frac{Gr}{Mn}\frac{1}{\lambda^2}\left(-z + \frac{sh(\lambda z)}{zch(\lambda)}\right), \tag{7}$$

where $u_0 = ReM(z)$, $v_0 = ImM(z)$. Here $\lambda = \sqrt[4]{Ta/4}\,(1+i)$ is a parameter, $i = \sqrt{-1}$ is the imaginary unit. The temperature profile is described by equation:

$$\tau_0 = \frac{MnPr}{\sqrt{Ta}}\left[v_0 - \frac{Bi}{1+Bi}v_0(1)z\right]. \tag{8}$$

In general, the flow has antisymmetric structure near the horizontal free surfaces. The velocity as well as the temperature reaches maximum values at the free boundaries of the layer. With the growth of the Taylor number, the first component of velocity u_0 monotonically decreases, the second component of velocity v_0 monotonically grows from zero up to a maximal value in the interval $0 \le Ta \le 6.5$, and at $Ta > 6.5$ it also begins to decrease monotonically.

The stability analysis of the steady-state thermocapillary flow (7) and (8) was carried out by making use of the small perturbation method [3; 5, 141]. In the general case of spatial normal disturbances, all the variables are proportional to $\exp(-\lambda t + ik_x x + ik_y y)$, where $\lambda = \lambda_1 + i\lambda_2$ is the characteristic decrement, k_x and k_y are the components of the wave vector along x–and y–directions. If the decrement λ is complex, the disturbances oscillate with frequency λ_2 and propagate in the flow like the waves with a phase velocity $c = \lambda_2 / k$. We consider two limiting cases: spatial disturbances of the first type in the form of rolls with axes parallel to x-axis and spatial disturbances of the second type in form of rolls with axes perpendicular to x-direction. We introduce the stream function and vorticity [6], and consider normal perturbation. System is solved numerically by the grid method [7, 108; 8, 193; 9], which is similar to the two-field method [6] used for solving 2D problems. The equations for vorticity perturbations and stream function were solved using the classical implicit method. The computations were made for the Taylor numbers in the range of $1 \le Ta \le 10$, for the Grashof numbers in the range of $1 \le Gr \le 8$ and for a fixed Prandtl number $Pr=6.7$. The advective flow stability is characterized by neutral curves, which describe the dependence between the Marangoni number and the components of the wave vector, and separate the zones of stability and instability of this flow.

The analysis of neutral curves shows that with a growth of Ta the stability of flow increases in both cases, i.e. with the growth of the Taylor number the rotation begins to exert a stabilizing effect on the flow. With a growth of Gr in first case critical wave number k_x decreases monotonically, but in second case critical wave number k_y increases and critical Marangoni decreases. Moreover, in the first case calculations show that the instability of the advective thermocapillary flow $(\lambda_2 = 0)$ is of monotonous character for all the considered intervals of the Taylor and Grashof numbers. In second case $\lambda_2 \ne 0$ for all the considered intervals, consequently the instability of the advective thermocapillary flow becomes oscillatory nature.

The used sources

1. Ostroumov G.A. 1958 Free convection under the condition of the internal problem. (NASA TM).
2. Birich R.V. 1966 AMTP About thermocapillary convection in horizontal liquid layer 3.
3. Gershuni G.Z., Zhukhovitsky E.M., Nepomnyashchy A.A. 1989 Stability of convective flow. (Nauka, Moscow).
4. Gershuni G.Z., and Zhukhovitskii E.M. 1976. Convective Stability of Incompressible Liquid. Wiley,(Keter Press, Jerusalem).
5. Gershuni G Z, Laure P, Myznikov V M, Roux B and Zhukhovitsky E M 1992 Microgravity Q. 2.
6. Tarunin E L 1990 Numerical Experiment in Problems of Free Convection (Irkutsk: Irkutsk University Press)
7. Tarunin E L and Schwartz K G 2001 Comput. Technol. 6.
8. Schwarz K G 2005 Fluid Dyn. 40.
9. Shvarts K G and Boudlal A 2010 J. Phys.: Conf. Ser. 216 012005

Родин Д.А.
аспирант кафедры физики
Вологодского Государственного Педагогического Университета
e-mail: daniil-rodin@yandex.ru

ОРБИТАЛЬНАЯ ЭВОЛЮЦИЯ КОМПЛЕКСА ПОЧТИ ПАРАБОЛИЧЕСКИХ КОМЕТ

Объектом исследования является комплекс из 1041 почти параболической кометы (ППК, период $P > 200$ лет, перигелийное расстояние $q > 0.1$ а.е.). Выявлены общие закономерности эволюции всего комплекса ППК на основе данных об орбитальной эволюции индивидуальных комет на интервале 2000 лет. Проведено интегрированное исследование эволюции по каждому из элементов кометных орбит.

Орбитальная эволюция индивидуальных ППК представлена в каталоге О.В. Калиничевой, Д.А. Родина, В.П. Томанова [3]. Для интегрирования использованы данные об элементах орбит на эпоху 2000 г. по каталогу Ю. Бондаренко [1].

Изучено распределение орбит ППК по эксцентриситету в три эпохи и сделаны следующие выводы: 1) Различие максимумов кривых распределения для каждой эпохи свидетельствует об эволюционных процессах в кометной системе. 2) Из возрастания числа гипербол можно предполагать, что слабый гиперболический эксцентриситет кометные орбиты приобретают при возмущающем воздействии планетной системы. 3) Абсолютное большинство орбит в прошлом двигались по эллиптическим орбитам. Это означает, что в эпоху 1000 г. данные кометы принадлежали Солнечной системе. Приведенный факт можно рассматривать как аргумент против гипотезы межзвездного происхождения комет.

Сделано распределение по значению обратной большой полуоси $1/a$. В прошлом максимум приходился на значение $1/a \approx 0{,}0005$ (а.е.)$^{-1}$. В настоящее время максимум уменьшился и сместился влево. Таким образом, в ходе эволюции наблюдается уменьшение размеров орбит и увеличение эксцентриситета.

При исследовании распределения орбит ППК по перигелийному расстоянию установлено, что в среднем перигелийные расстояния в течение тысячелетия остаются стабильными.

Изучение пространственного распределения афелиев первоначальных орбит имеет важное космогоническое значение. В некоторых космогонических гипотезах предполагается, что «рождение» кометы происходит в районе афелия ее орбиты. Для нахождения координаты точки, к которой концентрируются афелии, используется метод Натансона [4]. Вычисленные координаты соответствуют антиапексу пекулярного движения Солнца.

Сделана попытка выявить интегрированные закономерности эволюции наклона, долготы восходящего узла и аргумента перигелия, осредненные для всего комплекса ППК.

В работе В.П. Томанова [5] показано, что в распределении орбит комет по наклонам недопустимо использовать постоянный шаг по i, поскольку распределение наклонов пропорционально $\cos i$. В статье сделано объективное пространственное распределение плоскостей кометных орбит по плотности полюсов кометных орбит:

$$\sigma = \frac{N}{2\pi R(\cos i_1 - \cos i_2)}$$

По результатам вычислений сделаны выводы: 1) Существует повышенная концентрация плоскостей орбит ППК к плоскости эклиптики. Отметим, что вывод о наличии повышенной концентрации плоскостей орбит ППК к плоскости эклиптики получен впервые. В литературе наоборот отмечается дефицит орбит ППК около плоскости эклиптики. Неадекватный вывод сделан при некорректном анализе гистограммы распределения по i, построенной с равными интервалами Δi. 2) В течение тысячелетия наклоны ППК изменяются незначительно. Это обстоятельство возможно может пролить свет на направление источника возмущений. Можно предполагать, что основной источник возмущений находится вне плоскости эклиптики.

В распределении восходящих узлов почти параболических комет существуют максимумы в районах точек солнцестояний и минимумы у точек равноденствий. Теоретическое распределение узлов изучали В.П. Томанов и В.В. Радзиевский [6], исходя из гипотезы о приходе комет в Солнечную систему из радианта, совпадающего с апексом пекулярного движения Солнца. Сделана оценка величины имеющихся расхождений между теоретическим и статистическим распределением узлов с помощью критерия согласия χ^2 («хи квадрат») Пирсона. В учебнике В.Е. Гмурмана [2] приводится таблица распределения критических точек $\chi^2_{\text{кр.}}$. Если $\chi^2_{\text{набл.}} < \chi^2_{\text{кр.}}$, то нет оснований отвергать рассматриваемую гипотезу. Из вычислений получено $\chi^2_{\text{набл.}} - 7{,}80$, $\chi^2_{\text{кр.}} - 11{,}1$. Таким образом, экстремумы в распределении узлов почти параболических комет можно считать реальными.

Подводя итоги вышеизложенному, отметим новые закономерности в комплексе почти параболических комет (ППК):

1. В прошлом ППК двигались преимущественно по эллиптическим орбитам. На этом основании можно полагать, что на первоначальных орбитах кометы принадлежали Солнечной системе.

Незначительные гиперболические эксцентриситеты (e < 1,006) получены в ходе эволюции в период от 1000 г. до 2000 г.

2.   В течение двух тысячелетий перигелийное расстояние орбит q в основном остается стабильным. Изменения q не превосходят ±0,5 а.е. Максимум распределения по q лежит в интервале 0,5 а.е. < q < 1,25 а.е.

3.   В ходе эволюции размеры орбит уменьшаются.

4.   Существует повышенная концентрация афелиев орбит ППК в направлении на антиапекс пекулярного движения Солнца.

5.   Существует повышенная концентрация плоскостей орбит ППК к плоскости эклиптики. Повышенная концентрация плоскостей орбит ППК наблюдается как для прямых орбит с наклонами i < 30°, так и для орбит с обратным движением i > 160°. Данный факт также может свидетельствовать о том, что на первоначальных орбитах кометы принадлежали Солнечной системе.

ЛИТЕРАТУРА

1.   Бондаренко Ю.С. Электронный каталог комет Halley. 2012. ИПА РАН. www.ipa.nw.ru/halley.

2.   Гмурман В.Е. Теория вероятностей и математическая статистика. М.: Высшая школа, 2003. 479 с.

3.   Калиничева О.В., Родин Д.А., Томанов В.П. Каталог первоначальных и будущих орбит почти параболических комет. Вологда, 2012 – www.astrolab.vologda-uni.ru. 64 с.

4.   Натансон С.Г. О происхождении комет // Труды обсерватории Ленинградского гос. ун-та. – 1923. – Т.4. – С. 18-24.

5.   Томанов В.П. О связи комет с планетами // Кинематика и физика небесных тел. – 2007. – 23. № 5. – С. 273-286.

6.   Томанов В.П., Радзиевский В.В. О распределении узлов и полюсов орбит долгопериодических комет //Астрон. вестн. – 1975. – Т.9. – № 1. – С.35-39.

Черкашина С.П.
Ставропольский государственный педагогический институт
svechka8@mail.ru

МИФОЛОГО-АРХЕТИПИЧЕСКИЙ ПЛАСТ РАССКАЗА Л. ПЕТРУШЕВСКОЙ «ЕВРЕЙКА ВЕРОЧКА»

Л.С. Петрушевская в своих произведениях часто называет женщину *богиней*, эта мысль красной нитью проходит через её произведения. Писательница или говорит о своих героинях как о богинях («Карамзин», «Богиня Парка», «Вольфганговна и Сергей Иванович», «Время ночь», «Перегрев»), или дает героиням божественные имена (Артемида в «Смотровой площадке», Минерва во «Сне и пробуждении», Афина и Деметра в «Мужественности и женственности», Ника в «Пути Золушки» и «Чёрной бабочке»). В художественном мире Л. Петрушевской женщина выступает как объединяющий этот мир образ. Обладающая божественной сутью, женщина выступает как творец, способный осуществить переход от неорганизованного хаоса к упорядоченному космосу и обратно: «...я машинально подумала / надо / погасить там свет / там – в небесах / (погасить луну) / о / разум женщины / так могла бы подумать / последняя старуха / покидая этот мир...» [6, 243].

Цель данной статьи – выявить функции мифолого-архетипического пласта в рассказе Л. Петрушевской «Еврейка Верочка».

Мифологическая платформа в этом тексте выявляется на уровне образа и сюжета. Верочка в рассказе предстаёт всесильной женщиной, способной дать жизнь, несмотря на смертельное заболевание.

Необычные качества позволяют рассматривать Верочку в соотношении с древней Богиней-матерью, главным качеством которой было давать жизнь потомству. Имплицитное присутствие мифа о Богине-матери позволяют выявить пять аспектов образа главной героини (*национальность, имя,* метафорическое *сравнение героини с яйцом, профессию и болезнь*).

Обратимся к названию рассказа, несущему, прежде всего, культурно-ментальное значение. О проблеме еврейского миропонимания говорит Г. Гачев, в качестве «главной ценности» иудейства выделяя *жизнь*, что подтверждается ветхозаветной историей о Еве («Хава» = «жизнь» на иврите [2, 227]). Женщина в еврействе священна, «недаром евреем считается тот, у кого мать еврейка» [2, 229].

Номинатив «Вера» с точки зрения сравнительного языкознания имеет следующее значение: слова со значением «верить» соотносятся со словами «рогатый скот» (по поверьям древних, небожитель, объект поклонения, к которому обращались с молитвой), а также «дерево» и «огонь» [4, 391]. В фокусе мифопоэтики этот набор значений (рогатость, дерево, огонь) можно раскодировать относительно текста Петрушевской следующим образом.

Во-первых, по представлениям древних (в частности, египтян и греков) небо персонифицировалось в виде коровы (в Египте Нут – корова, Исида – с рогами, у Гомера Гера – «волоокая Гера богиня», Персефона просит Геракла не убивать пастуха коров её мужа). Таким образом, через качество рогатости Вера предстаёт как небесное божество, иначе говоря, Богиня. Во-вторых, древнее понимание тождества женщины и природы основывалось на основе определённого сходства в органичности циклов их существования. В своих «Мифах Древней Греции» Р. Грейвс отмечал, что «черные тополя были священными деревьями богини смерти; белые тополя, или осины, были посвящены Персефоне как богине возрождения» [3, 142]. Поэтому репрезентация в этимологическом значении имени Верочки «растительного олицетворения» [12, 228] указывает на божественную сущность героини. Посредством имени Вера связана с деревом, шире – с природой, а значит, с возрождением. Возрождение – это воплощение матери в ребёнке, что выражается в закономерной смене поколений и аллюзийно указывает на смену вегетативных циклов. «Основное свойство жизни – в способности воспроизводить самоё себя во времени в дискретном виде, когда определённым отрезкам времени соответствует серия, последовательность поколений» [9, 396]. В-третьих, сексуальную энергию древние люди воспринимали как присутствующий в теле человека огонь. «В особенности часто огненосное начало связывается с женской природой» [8, 130]. Выявленные в образе Верочки черты позволяют сблизить её с Богиней, которая, давая жизнь, продлевает человеческий род.

К изложению истории Верочки повествовательница приходит в середине повествования. Она ищет портниху, которая бы сшила ей брюки к лету. Поиски приводят рассказчицу к некой Верочке: «Сама Верочка меня тоже поразила: маленькая, изящная, личико как светлое *яичко* в гнезде темных стриженых волос…» [5, 15]. Как отмечает В.Н. Топоров, яйцо – мифопоэтический символ [11, 681]. Образ яйца присутствует во многих мифологических системах в качестве мирового яйца, «из которого возникает Вселенная или некая персонифицированная творческая сила: бог-творец, культурный герой-демиург, иногда – род людской» [10, 681]. Символика яйца связана с плодородием (это «аналог» зерна в животном мире) и бессмертием [8, 232]. «…Яйцо является олицетворением начинающейся жизни…» [7, 51]. Одним словом, «представления о яйце как о микрокосме, в котором отразилась Вселенная, восходят к глубокой древности: индоиранские легенды говорят о появлении Вселенной из яйца…» [7, 52]. У Петрушевской яйцо выступает метафорой женщины-матери. Часто встречающийся мотив происхождения первых бога и богини из двух частей расколовшегося яйца у Петрушевской получает авторскую трактовку. Яйцо, оно же Вселенная, и есть женщина.

Верочка способна выступать и в качестве культурной героини-демиурга, что вычитывается из её *профессии*. Будучи дочерью состоятельных родителей, Верочка когда-то решила стать швеёй: «...Верочка ушла от родителей, богатых людей, получила от них свою богатую комнатку и дальше должна была жить одна» [5, 15]. Профессия швеи была не самая престижная в советское время, однако уровень мастерства делает Верочку поистине всемогущей: «Она-то все делала как заправская мастерица, обмерила-записала, один раз я пришла на примерку, на следующий я уже получила роскошные белые брючки, в которых затем и щеголяла много лет...» [5, 15]. Героиня делает *новые* вещи, надевая которые человек чувствует себя «хорошо одетым»: «Я всё лелеяла в душе воспоминания о чудесной Верочке <...> и о белых брючках, которые служили мне единственной формой одежды летом...» [5, 15]. Одежда, по мнению О.М. Фрейденберг, «имеет подробный семантический репертуар»:

1) Верочка как создательница новых вещей является носительницей «идеи обновлённой жизни» [1, 46];

2) создание брюк для рассказчицы есть «ритуальное обновление» жизни *других* людей [1, 45];

3) недоступность хорошей одежды в советские времена, когда «богатое платье облекает героев в их обновлении» [12, 220], показывает Верочку как женщину, возможности которой велики.

Таким образом, через метафору профессии выявляются две функции Верочки – созидательная и преобразовательная.

В символике национальности, имени, профессии героини заложена идея божественной сущности героини.

Рассмотрим пятый, последний, аспект образа Верочки – смертельную *болезнь*. Тема смерти в рассказе связана с неожиданным решением мужских образов в произведении. В мифологии эпохи матриархата за любовь Богини соперничали Бог Прибывающего Года и Бог Убывающего Года [3, 392]. Так как Верочка – Богиня, то за её любовь борются два бога – умирающий и воскресающий. Отец ребёнка, безусловно, воскресающий бог: «Отец его навещает. Покупает что ему надо, да там и своих денег некуда девать» [5, 16]. Кем же представлен бог умирающий? Причина, по которой, на первый взгляд, сложно однозначно определить умирающего бога, заключается в метафорической природе его образа, реализующегося в раковой болезни. «Связь между образом и его метафоризацией очень устойчива и стереотипна. Образ смерти олицетворяется в богоотступников, разбойников, насильников; в фазе воскресения это будут спасители, врачеватели, победители, позже – святые. <...> ... снижение <...> других богов сказывается и в том, что герой наделяется профессией, связанной с той стихией, которую он олицетворяет…» [12, 218]. Умирающий бог олицетворяет смерть, потому и реализуется даже не в антропоморфном образе, а персонифицируется самой болезнью, таким образом проявляя свою сущность. У Л. Петрушевской образ смерти получает авторское воплощение в мужском образе (как и в сказке «Чёрное пальто»). Поэтому умирающий бог-болезнь персонифицируется как рак в грамматической форме мужского рода. В контексте творчества Л. Петрушевской смерть имеет выраженное мужское начало, что обозначает оппозицию женского и мужского, репрезентирующую их враждебность по отношению друг к другу.

Символична смерть Верочки от рака груди: «Верочка очень хотела родить, но ей запретили из-за рака груди, но она не сделала аборт, а родила. Она умерла, когда ребенку было семь месяцев. Она не пошла под облучение и не принимала никаких лекарств, чтобы ему не повредить во время беременности» [5, 16]. Посредством национальной принадлежности к еврейству жизнепорождающие потенции Верочки усилены. Для неё это даже не было борьбой духа с болезнью. Это был отказ от себя, оправданный желанием родить. Пойди она под облучение, погибли бы и она, и малыш. Добровольный отказ от собственной жизни позволил героине подарить новую жизнь ребёнку, то есть состояться как женщине, и, самое главное, получить в родившемся сыне новую жизнь *для себя*. Интересно, что Верочка умирает, когда малышу исполняется семь месяцев. В числовой символике семь – «мистическое начало человека» [13, 355].

Анализ рассказа позволил выявить мифолого-архетипический пласт, который выполняет определённые функции в тексте. Качества Верочки позволяют соотнести этот образ с древней Богиней-матерью. В рассказе «Еврейка Верочка» Л. Петрушевская культивирует великое женское начало с его непреходящим аксиологическим потенциалом, выраженном в гуманистической идее бесконечности жизни.

Библиографический список

1. Байбурин, А. К. Ритуал: старое и новое [Текст] / А. К. Байбурин // Историко-этнографические исследования по фольклору. – М. : Издательская фирма «Восточная литература» РАН, 1994 . – С. 35-47.

2. Гачев, Г. Д. Национальные образы мира [Текст]: курс лекций / Г. Д. Гачев. – М. : Издательский центр «Академия», 1998 . – 432 с.

3. Грейвс, Р. Мифы Древней Греции [Текст] / Р. Грейвс: пер. с англ. К. Лукьяненко; под ред. и с предисл. А. Тахо-Годи. – Кн. 1. – М. : Прогресс-Традиция, 1999 . – 432 с.

4. Маковский, М. М. Сравнительный словарь мифологической символики в индоевропейских языках: образ мира и миры образов [Текст] / М. М. Маковский. – М. : Гуманит. изд. центр ВЛАДОС, 1996 . – 416 с.

5. Петрушевская, Л. С. Собрание сочинений [Текст]. В 5 т. Т. 2. Из пяти книг / Л. С. Петрушевская. – Харьков : Фолио: М. : ТКО АСТ, 1996 . – 367 с.

6. Петрушевская, Л. С. Парадоски. Строчки разной длины / Л. С. Петрушевская. – СПб. : Амфора, ТИД Амфора, 2008 . – 687 с.

7. Рыбаков, Б. А. Язычество древних славян [Текст] / Б. А. Рыбаков. – М. : Наука, 1994 . – 608 с.

8. Словарь символов и знаков [Текст] / Авт.-сост. В. В. Адамчик. – М. : АСТ; Мн. : Харвест, 2006 . – 240 с.

9. Топоров, В. Н. Геометрические символы [Текст] / В. Н. Топоров // Мифы народов мира. Энциклопедия в 2-х т. – М. : Рос. Энциклопедия, 1994 . – Т. 1. – С. 272-273.

10. Топоров, В. Н. Древо жизни [Текст] / В. Н. Топоров // Мифы народов мира. Энциклопедия в 2-х т. – М. : Рос. Энциклопедия, 1994 . – Т. 2. – С. 396-398.

11. Топоров, В. Н. Яйцо мировое [Текст] / В. Н. Топоров // Мифы народов мира. Энциклопедия в 2-х т. – М. : Рос. Энциклопедия, 1994 . – Т. 2. – С. 681.

12. Фрейденберг, О. М. Поэтика сюжета и жанра [Текст] / О. М. Фрейденберг. – М. : Лабиринт, 1997 . – 448 с.

13. Шейнина, Е. Я. Энциклопедия символов [Текст] / Е. Я. Шейнина. – М. : АСТ; Харьков : Торсинг, 2007 . – 591 с.

Шехтман Н.А.
профессор кафедры иностранных языков, д.ф.н.
Докучаева В.В.
аспирант
ФГБОУ ВПО «Оренбургский государственный
педагогический университет»
hominemquaeroo@gmail.com

ОППОЗИЦИИ В ГЛЮТТОНИЧЕСКОЙ КОММУНИКАЦИИ

Модель мира, вербализованная средствами языка, состоит из универсальных понятий, к которым относится глюттонимы.

Область глюттонии как особый язык, культуры входит в состав материальной жизни общества и играет огромную знаковую роль, в значительной степени формируя ее лингвосемиотическую систему и систему коммуникации.

Глюттоническая система может быть организована как серия оппозиций.

Так, одну из оппозиций «сырое — вареное» К. Леви–Стросс выносит в заглавие книги [в альтернативном переводе сырое — приготовленное]» («Le Cru et le cuit», 1964)

К.Леви-Стросс определил культуру вареного и бинарную оппозицию «сырое — вареное» как один из основных кодов культуры в целом, пищевой код как способ организации культурной памяти.

Со времен Н.С. Трубецкого принято различать привативные, эквиполентные и градуальные оппозиции.

Глюттонимы регулярно вступают в привативные оппозиции:

«дешевый» — «дорогой»

With all things which could be made by the hands Miss Amelia prospered. She sold ***chitterlings*** and sausage in the town near-by [8, 18].

He was seated at a table by the window, barefooted, working on a bowl of ***fresh figs with cream.*** When I was listing the cash requirements of the establishment, I might have mentioned that ***fresh figs***, in March, by air from Chile, are not hay [10, 43].

Chitterlings (читтерлинги, свиные рубцы (жареная свиная) является импликатором дешевизны в противопоставлении с ***fresh fig***, где нам дается пояснение, что свежий инжир в марте, доставленный по воздуху из Чили, стоит значительно дороже выеденного яйца.

Следующей оппозицией является **«сладкий» — «соленый»:**

The fallodha was an indecently sweet concoction of white noodles, milk rose flavours, and other melliferous syrups [9, 117].

She quickly occupied herself with tossing the chopped cucumber into the pitcher of salted, watered-down *yogurt.* [7, 80].

Данная оппозиция вынесена в название Фильма «Каймак и мармелада» 2003 («Сыр и мармелад (каймак в Marmalade»), реж. Бранко Джурич, Словении 2003,) где использует прямое включение кода еды как разделителя «свой — чужой»: герой не может понять, как его избранница вообще может «это» есть («брынза с вареньем»), и дороги героев расходятся. Фактически название фильма задает оппозицию «соленое — сладкое», которая в данном случае подана как «психораздел» [1, 21].

Рассматривая оппозицию **«приятно» — «неприятно»** отметим, что глюттонимы участвуют в формировании концепта savoir vivre.

Так, в одной из глав книги «Иная ментальность» [2, 38] Э. В. Грабарова рассматривает концепт savoir vivre как сложное ментальное образование, образный компонент которого — это улыбка удовольствия, связанного с удовлетворением обычных земных потребностей

He could not contain his *pleasure* at the effect of the cream after a lavish amount of beef, roast potatoes and fresh vegetables, local pheasant pie, French and English cheeses — with beer [6, 238].

А также отношение к жизни в этико-философском сознании,которые характеризуют способность человека получать удовольствие от жизни и тип соответствующей личности [2, 269].

Одновременно нам бы хотелось упомянуть термин «пищевое отвращение», описанный Ю.Кристевой в книге «Силы ужаса: эссе об отвращении» (1982), где автор отмечает, что пищевое отвращение, вероятно, есть самая архаичная форма отвращения: «Когда пенка — эта кожица на поверхности молока, беззащитная, тонкая, как папиросная бумага, жалкая, как обрезки ногтей, — появляется перед глазами или прикасается к губам, спазм в глотке и еще ниже, в желудке, животе, во всех внутренностях, корчит в судорогах все тело, выдавливает из него слезы и желчь, заставляет колотиться сердце и холодеть лоб и руки. В глазах темно, кружится голова, и рвота, вызванная этими молочными пенками, сгибает меня пополам и — отделяет от матери, от отца, которые мне их впихнули. Пенки — часть, знак их желания » [4, 39].

Случаи пищевой перверсии описаны и у А.И. Куляпина (С.112-120) в работе «Мифология советской повседневности».

Рассмотренные оппозиции состоят из приемов знаков-квалификаторов глюттонической коммуникации.

Нами рассмотрены лишь несколько привативных бинарных оппозиций.

Структура открыта — количество оппозиций может быть большим и другим.

Тревор Консор пишет, считалось, язык человека может различать только четыре основных вкуса: сладкий, соленый, кислый и горький. Японские ученые утверждают, что есть еще и пятый основной вкус, возбуждаемый аминокислотами, как, например, глутамат, и нуклеотидами, например ИМФ. Они назвали его «вкусностью» [3, 12].

Так, в число оппозиций можно включить, например, **«вкусно»** — **«не вкусно»**.

«Престижно» — « не престижно»

Дистантность как публичное презентационное свойство является «конститутивным признаком концепта «престиж». Обладание эксклюзивными — престижными — вещами выводит их владельца в группу избранных, демонстрирует социуму его значимость и статус. В глюттонической коммуникации дистантными публичными презентемами статуса является, например, сам факт наличия возможности посещения дорогих ресторанов, дорогих закрытых клубов, возможности заказывать дорогую еду. [5, 216].

Система на, на наш взгляд, закрыта, допуская лишь дробление внутри.

Пополнение в системе дополняет структуру.

Литература

1. Загидуллина М.В. //Международная конференция «Пищевой код в славянских культурах» (Москва, 2—4 декабря 2008 г)// Новое литературное обозрение. 2009. №95.
2. Карасик В. И. , Прохвачева О. Г. Иная ментальность. М, 2005. 352 с
3. Консор Т. Краткая история суши. СПб.,2009. 384 с.
4. Кристева Ю. Силы ужаса: эссе об отвращении. СПб.,2003.256с.
5. Олянич А. В. Презентационная теория дискурса: монография. М., 2007. 407 с.
6. Clavell J. Gai-Jin. Delacorte Press, 1993.1223 pp
7. Hosseini K. A Thousand Splendid Suns .2007 . 384 pp
8. McCullers C. The Ballad of the Sad Café.1951.61 pp
9. Roberts G. D. Shantaram. Scribe Publications (Aus.).2003. 936 pp
10. Stout R. Nero Wolfe and Archie Goodwin

Ураев Н.Н.
соискатель ФГБОУ ВПО «Казанский национальный
исследовательский технический университет им. А.Н. Туполева - КАИ»,
Казань
kafedra@eupkai.ru

МЕТОДИКА ВЫЯВЛЕНИЯ И КОЛИЧЕСТВЕННОЙ ОЦЕНКИ ПРОИЗВОДСТВЕННЫХ ПОТЕРЬ В СТРУКТУРНОМ ПОДРАЗДЕЛЕНИИ ПРОМЫШЛЕННОГО ПРЕДПРИЯТИЯ

В настоящее время большинство промышленных предприятий в своей производственно-хозяйственной деятельности активно используют методы и инструменты бережливого производства. Опыт японских, европейских, американских и многих отечественных компаний показывает высокую степень результативности организации бережливого производства, что позволяет предприятиям получать значительные конкурентные преимущества при относительно невысоких затратах на внедрение. Так, организация бережливого производства обеспечивает: качественное развитие производственной системы предприятия; сокращение длительности производственного цикла; снижение производственных затрат; высокий уровень качества выпускаемой продукции; улучшение корпоративной культуры производства; увеличение производительности и др.

Сегодня большое количество работ посвящено вопросам целесообразности внедрения методов и инструментов бережливого производства на предприятиях промышленности. Вопросам организации бережливого производства посвящены работы таких авторов, как Д. П. Вумек, Д. Т. Джонс [1], Д. Манн [2], Тэппинг Д. [3] и др.

Рис. 1 Алгоритм экономической оценки эффективности внедрения мероприятий по организации бережливого производства.

Реальное повышение эффективности деятельности производственного подразделения промышленного предприятия наблюдается тогда, когда потери сводятся к нулю, а производительность труда достигает 100%. На рис. 1 представлен алгоритм оценки экономической эффективности внедрения мероприятий по организации бережливого производства.

Однако, несмотря на большое количество исследований в этой области, ключевой проблемой остается формализация процессов экономической оценки совокупности эффектов от организации бережливого производства на предприятии в целом, и его структурных подразделениях в частности.

Важным аспектом организации бережливого производства на предприятии является полная идентификация всех потерь. Если рассматривать как реальный труд лишь операции по техпроцессу, а всю остальную деятельность относить к потерям, то можно вывести следующую формулу, применимую к отдельным сотрудникам и предприятию в целом:

Существующая производственная мощность = труд + потери   (1)

Возможные потери для структурных подразделений предприятия предлагается рассчитывать по следующей методике.

1)   Потери из-за перепроизводства – это потери в результате производства продукции в количестве, превышающем спрос на эту продукцию. Источники потерь:

• дополнительные расходы на хранение невостребованных изделий:

$$Z_{хр} = N_{дн.хран} \times N_{изд} \times C_{хр.изд} ,$$ (2)

где: $N_{дн.хран}$ - количество дней хранения изделий;

$N_{изд}$ - количество хранимых изделий;

$C_{хр.изд}$ - себестоимость хранения одного изделия в день, руб.

• затраты на производство невостребованных изделий:

$$Z_{пр} = C_{ед.прод} \times N_{ед.прод} ,$$ (3)

где: $C_{ед.прод}$ - стоимость единицы продукции, руб.;

$N_{ед.прод}$ - количество единиц продукции.

Тогда потери из-за перепроизводства можно определить по формуле:

$$P_1 = Z_{хр} + Z_{пр},$$ (4)

2)   Потери времени из-за ожидания. В результате простоя оборудования, нехватки мощностей и т.д. рабочие ожидают следующей операции, инструмента, деталей и др.

$$P_2 = ((T_{ц.б.в} - T_{ц.н.в})/ T_{ц.н.в}) \times C_{изд} ,$$ (5)

где: $T_{ц.б.в}$ - время производственного цикла в базовом варианте, час;

$T_{ц.н.в}$ - время производственного цикла в новом варианте, час;

$C_{изд}$ - себестоимость изготовления одного изделия, руб.

3) Потери при ненужной транспортировке. Перемещение материалов, деталей и готовых изделий на склад и со склада или между операциями.

$$P_3 = C_{транс} \times N_{транс}, \qquad (6)$$

где: $C_{транс}$ - себестоимость одной транспортировки, руб.;

$N_{транс}$ - количество транспортировок.

4) Потери из-за лишних этапов обработки. Ненужные операции при обработке деталей, повышающие стоимость готовой продукции, но не добавляющие ее ценность.

$$P_4 = N_{изд} \times (C_{б.в} - C_{н.в}) - Z_{з.п}, \qquad (7)$$

где: $N_{изд}$ - количество изделий;

$C_{б.в}$ - себестоимость изделия в базовом варианте, руб.;

$C_{н.в}$ - себестоимость изделия в новом варианте, руб.;

$Z_{з.п}$ - зарплата работников, ненужные операции, руб.:

$$Z_{з.п} = O_{е.с.н} \times \sum((T_{шт.б.в} - T_{шт.н.в}) \times t_{ст.р} \times (1 + П_{доп})), \qquad (8)$$

где: $O_{е.с.н}$ - отчисления за единый социальный налог, %;

$T_{шт.б.в}$ - штучно-калькуляционное время в базовом варианте, час;

$T_{шт.б.в}$ - штучно-калькуляционное время в новом варианте, час;

$t_{ст.р}$ - тарифная ставка, руб./час;

$П_{доп}$ - доплата, %.

5) Потери из-за лишних запасов. Избыток запасов ведет к затратам на транспортировку и хранение, росту количества неликвидной продукции на складе и т.д.

$$P_5 = N_{изд} \times C_{хр} \times N_{дн.х} \qquad (9)$$

где: $N_{изд}$ - количество изделий, раннее хранящихся на складе;

$C_{хр}$ - себестоимость хранения одного изделия за один день, руб.;

$N_{дн.хран}$ - количество дней хранения.

6) Потери из-за ненужных перемещений. Все движения, производимые работниками в процессе работы, не добавляющие ценность:

$$P_6 = N_р \times t_{ст.р} \times T_{л.пер} \times \lambda_{л.пер}, \qquad (10)$$

где: $N_р$ - количество работников;

$t_{ст.р}$ - тарифная ставка работника, руб./час;

$T_{л.пер}$ - время, затрачиваемое на лишние перемещения, час;

$\lambda_{л.пер}$ - периодичность лишних перемещений в месяц, раз в месяц.

7) Потери из-за выпуска дефектной продукции. Производство дефектных деталей и исправление дефектов.

$$P_7 = C_{у.д} \times N_{деф} \qquad (11)$$

где: $C_{у.д}$ - себестоимость работ, связанных с устранением дефекта, руб.;

$N_{деф}$ - количество дефектных деталей.

Суммарные потери по подразделению (P^Σ) предприятия определяют по формуле:

$$P^{\Sigma} = \sum_{j=1}^{7} P_j \,, \tag{12}$$

где: j – индекс структурного подразделения;

J – количество структурных подразделений, в которых внедряется методика бережливого производства;

Для каждого подразделения предприятия эффективность от внедрения мероприятий по бережливому производству ($Э_j$) будем определять следующим образом:

$$Э_j = P_j^{\Sigma} / I_j \,, \tag{13}$$

I_j – инвестиции для внедрения мероприятий по бережливому производству.

Полученная в результате эффективность организации бережливого производства на предприятии или в его структурном подразделении, может использоваться по нескольким направлениям: для анализа результатов внедрения мероприятий; для ранжирования производственных подразделений предприятия с точки зрения эффективности внедрения мероприятий и расстановки приоритетов, соответственно. Таким образом, данный подход позволит сравнить альтернативы и рационально распределить инвестиции на реализацию бережливого производства, между структурными подразделениями промышленного предприятия.

Список литературы:

1. Вумек Д. П., Джонс Д.Т. Бережливое производство: Как избавиться от потерь и добиться процветания вашей компании. – М.: Альпина Бизнес Букс, 2005. 478 с.

2. Манн Д. Бережливое управление бережливым производством. – М.: Стандарты и качество, 2009. 208 с.

3. Тэппинг Д. Бережливый офис. – М.: Альпина Бизнес Букс, 2009. 328 с.

Фролова В.А.
к.э.н., доцент кафедры «Информационные системы»
ФГБОУ ВПО Госуниверситет-УНПК
vnozdracheva@yandex.ru
Шеметова Е.В.
студентка ФГБОУ ВПО Госуниверситет-УНПК
lisa-shemetova@mail.ru
Дашкевич Р.А.
начальник управления молодежной политики
ФГБОУ ВПО Госуниверситет-УНПК
r_manfred@list.ru

МЕТОДИКА ОЦЕНКИ КАЧЕСТВА ОБРАЗОВАНИЯ

Статья посвящена вопросам оценки качества образования выпускников высших учебных заведений. Рассматриваются базовые понятия процесса оценки качества образования. Предлагается подход к оценке качества образования, основанный на системе показателей качества образования. Разрабатывается методика и математическая модель процесса оценки качества образования. Делается вывод о применимости данной методики.

Ключевые слова: качество образования, оценка, показатель качества, методика, работодатель, высшее учебное заведение, знания.

PROCEDURE OF EDUCATION QUALITY ASSESSMENT

The article deals with the problem of assessing the quality of education graduates receive when they complete a university course. The article covers the basic concepts of the process of education quality assessment. The approach to assessing the quality of education, outlined in the article, is based on a system of education quality indexes. The author develops a procedure and a mathematical model of education quality assessment and decides as to how this methodology can be applied.

Keywords: education quality, education quality index, assessment procedure, employer, higher education institution, knowledge.

Проблема качества подготовки и повышения конкурентоспособности специалистов в условиях развития рыночных отношений становится все более актуальной, что обусловлено рядом объективных причин: приведение уровней образования и качества образовательных программ в соответствие с международными требованиями; увеличение трудности в трудоустройстве выпускников; повышение уровня требований работодателей к молодым специалистам [2]. Из вышесказанного возникает необходимость проводить оценку качества образования выпускника вуза.

«Качество образования» определяется удовлетворенностью представителей различных социальных групп: обучающихся и членов их семей, государства, работодателей и образовательных учреждений, выступающих в роли заказчиков, провайдеров или потребителей. «Оценка качества образования» определяет соответствие результатов процесса образования (квалификация специалиста) требованиям субъектов образовательной деятельности [4]. Так как под оценкой качества образования подразумевается количественная характеристика процесса образования, то следует отметить, что существенную роль играет конкурентоспособность выпускника на рынке труда, т.е. способность получить рабочее место, соответствующее полученной в ВУЗе специальности (профилю подготовки), за счет наилучшего соответствия уровня его профессиональной подготовки и личностных характеристик требованиям рабочего места и субъективным предпочтениям работодателей [1].

Соответствие кандидата на должность предъявляемым требованиям отражает субъективные предпочтения работодателей. Однако, в рамках процесса образования мы предлагаем рассматривать конкурентоспособность специалиста по параметрам его квалификации, зафиксированным в оценках вкладыша диплома.

В настоящее время в Государственном университете -УНПК на основе системы UCTS (University Credit Transfer System - Система перевода кредитов для вузов азиатского и тихоокеанского регионов) качество полученных знаний по дисциплине выражается в баллах, полученных в течение семестра совместно с полученными в рамках контрольных испытаний. Исходя из мнения работодателей, вышеописанная система оценок не является достаточно объективной, так как она не учитывает разделение предметов на общие и специальные, и, как следствие, общий балл выпускника недостаточно характеризует его качество, как специалиста. Решением данной проблемы по нашему мнению является подход к оценке качества образования, основанный на системе показателей качества образования.

Для решения задачи оценки и контроля качества образования с использованием показателей качества образования, методов математической статистики и применением информационных технологий, предлагается методика, представленная на рисунке 1.

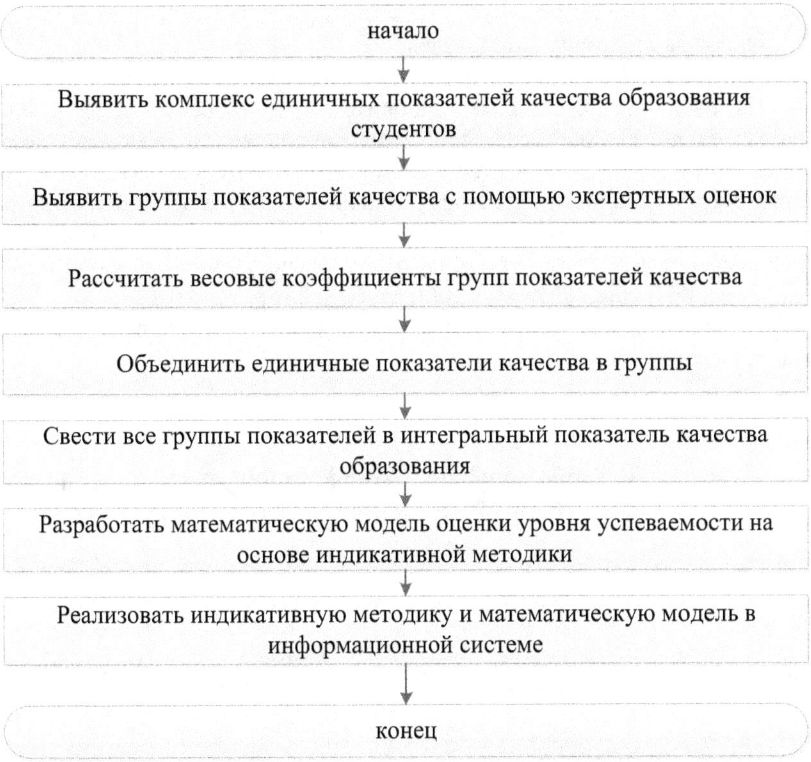

начало

↓

Выявить комплекс единичных показателей качества образования студентов

↓

Выявить группы показателей качества с помощью экспертных оценок

↓

Рассчитать весовые коэффициенты групп показателей качества

↓

Объединить единичные показатели качества в группы

↓

Свести все группы показателей в интегральный показатель качества образования

↓

Разработать математическую модель оценки уровня успеваемости на основе индикативной методики

↓

Реализовать индикативную методику и математическую модель в информационной системе

↓

конец

Рисунок 1 – Алгоритм решения задачи оценки качества образования

Наумова Наталья Анатольевна в свой диссертации на тему «Система поддержки принятия решений для оценки и контроля качества профессиональной подготовки специалистов вузов» использовала компетенстностый подход к оценке качества образования и предложила ряды компетенций объединять в группы в соответствии с определенными признаками. Таким образом можно выделить следующие группы показателей качества образования: Группа 1 – Теоретические знания; Группа 2 – Профессиональные умения; Группа 3 – Практические навыки; Группа 4 – Творческие способности. В совокупности все четыре группы показателей образуют интегральный показатель, который представляет собой *однозначную* оценку качества образования. Данные группы выделяются для того, чтобы подчеркнуть значимость дисциплин, входящих в их состав. Каждой группе ставился в соответствие «коэффициент значимости» или «вес группы».

В результате проведенного опроса были получены следующие веса групп показателей качества образования:

Опрос экспертов-специалистов:

$$W_1 = 0{,}330; \; W_2 = 0{,}330; \; W_3 = 0{,}200; \; W_4 = 0{,}140.$$

Опрос экспертов работодателей:

$$W_1 = 0{,}178; \; W_2 = 0{,}377; \; W_3 = 0{,}271; \; W_4 = 0{,}174.$$

На наш взгляд, главным приоритетом в процессе модернизации образовательного процесса становится преодоление разрыва между определением оценки качества образования между университетом, как поставщиком квалифицированных кадров и работодателями, как потребителями. Поэтому были найдены средние значения полученных в обоих исследованиях результаты. Итоговые значения индикаторов таковы:

$$W_1 = 0{,}254; \; W_2 = 0{,}353; \; W_3 = 0{,}236; \; W_4 = 0{,}157.$$

Группы показателей качества образования с указанием их весов представлены на рисунке 2.

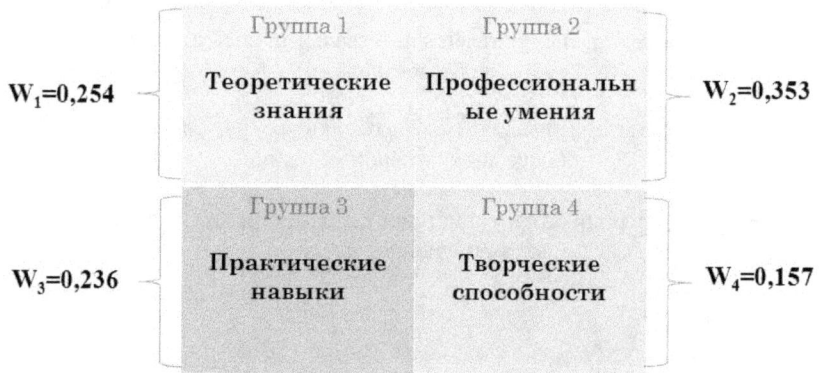

Рисунок 2 – Группы показателей качества образования

Полученные коэффициенты, показывают структуру качества образования студента вуза с совокупной позиции преподавателей и работодателей и являются более объективными.

В результате проводимого исследования получена числовая характеристика качества образования путем нахождения процента освоения материала относительно максимально возможного качества с учетом весов групп показателей. Схема расчета показателя качества образования представлена на рисунке 3.

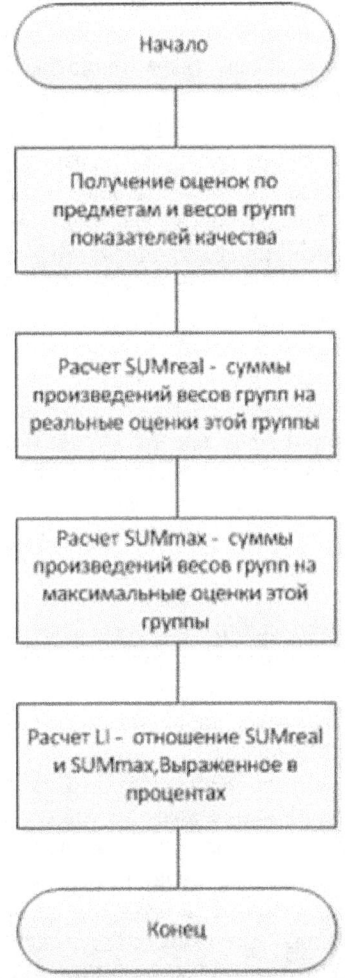

Рисунок 3 – Схема расчета показателя качества образования

Для нахождения показателя качества образования предложена математическая модель.

$$LI = \frac{SUM_{real}}{SUM_{max}} * 100\%$$

где LI – показатель качества образования выпускника, SUM_{real} – реальная оценка, рассчитанная путем нахождения суммы произведений реально полученных результатов на вес группы, к которой относится дисциплина, SUM_{max} – максимально возможная оценка, рассчитанная путем нахождения суммы произведений максимально возможных результатов на вес группы, к которой относится дисциплина.

Полученная числовая характеристика, отражает процентное отношение полученных знаний к максимально возможному уровню знаний с учетов весов групп показателей. Данные для расчета формируются путем распределения оценок по группам показателей качества образования. Предлагается производить распределение дисциплин по группам в соответствии с Федеральным государственным образовательным стандартом высшего профессионального образования: дисциплины, разбитые на учебные циклы, соотносятся с выделенными ранее группами показателей качества образования. Так, например, в соответствии с Федеральным государственным образовательным стандартом высшего профессионального образования от 22 декабря 2009г. №783 по направлению подготовки 230700 Прикладная информатика (квалификация (степень) «бакалавр») выделены следующие учебные циклы: гуманитарный, социальный и экономический циклы; математический и естественно-научный циклы, профессиональны цикл, физическая культура; учебная и производственная практики; итоговая государственная аттестация. Принимаются следующие соответствия: группе «Теоретические знания» ставится в соответствие гуманитарный, социальный и экономический циклы и физическая культура; в группу «Профессиональные умения» включен профессиональный цикл, государственная итоговая аттестация и учебная и производственная практики; группе «Практические навыки» соответствует математический и естественно-научный циклы; группе «Творческие способности» соответствует иная научно-исследовательская работа и факультативные дисциплины. Такое разбиение позволит получить наиболее объективный показатель качества образования, поскольку не будет противоречить установленным стандартам образования.

Таким образом, расчет показателя качества образования играет большую роль не только для выпускника: как показатель результата его процесса обучения, а так же как инструмент, посредством которого выпускнику может быть дан ряд рекомендаций по направлениям трудоустройства с учетом требований рынка труда, но и для университета показатель качества образования может быть использован для анализа деятельности университета, основным направлением которого является выпуск квалифицированного специалиста, а также работодателя, который может применять показатель в практической деятельности при приеме на работу и поиске специалиста т.к. в нем уже учтена важность цикла специальных дисциплин образовательного процесс.

Библиографический список литературы

1. Борисова О.В. Конкурентоспособность выпускников высших учебных заведений на рынке труда: методические подходы: Автореф. дис. …канд. экон. наук. Омск, 2009. 22с.

2. Канивец П.И. Модели и методы оценки качества подготовки и повышения конкурентоспособности специалистов: Автореф. дис.…канд. экон. наук. Ростов-на-Дону,2004. 24с.

3. Наумова Н.А. Система поддержки принятия решений для оценки и контроля качества профессиональной подготовки специалистов вузов: Дис. …канд. техн. наук. Ростов-на-Дону,2011. 181 с.

4. Пермяков О.Е. Развитие систем оценки качества подготовки специалистов: Автореф. дис. …д-ра педагог. наук. Спб, 2009. 49с.

Пахомов А.А.
доктор экономических наук
Мостахова Т.С.
доктор экономических наук
Якутский научный центр СО РАН

A.A.Pakhomov, Ph.D.
E-mail: a.a.pakhomov@prez.ysn.ru
T.S.Mostahova, Ph.D.
E-mail: mostakhovats@mail.ru
Yakut Scientific Center of the Russian Academy of Sciences

АНАЛИЗ ПРОЦЕССОВ РОЖДАЕМОСТИ В РЕСПУБЛИКЕ САХА (ЯКУТИЯ): ОСОБЕННОСТИ И ПРОБЛЕМЫ
Analysis of the processes of fertility in the Sakha Republic (Yakutia):features and prospects

Аннотация

В статье дан анализ одного из главных процессов воспроизводства населения - рождаемости в Республике Саха (Якутия) в аспекте демографической безопасности региона. Дана общая характеристика показателей естественного прироста населения, общего и суммарного коэффициентов рождаемости, внебрачной рождаемости.

Abstract

The paper analyzes one of the main processes of reproduction - fertility in the Republic of Sakha (Yakutia) in terms of demographic security of the region. General characteristic of the rates of natural increase of the population, the general and total fertility rate, births out of wedlock.

Ключевые слова: воспроизводство населения, рождаемость, суммарный коэффициент рождаемости, внебрачная рождаемость, структурный анализ рождаемости.

Keywords: reproduction of the population, birth rate, total fertility rate, births out of wedlock, a structural analysis of fertility.

Эффективное воспроизводство населения выступает одним из ключевых условий, которое позволяет любому государству реализовывать свои национальные стратегии. Для Российской Федерации, имеющей естественную убыль населения, проблема улучшения демографической ситуации закономерно относится к проблемам государственной безопасности. Наличие кризисных или, по крайней мере, негативных явлений в сфере воспроизводства населения актуализирует внимание – и общественное, и научное – к вопросам демографической безопасности. «При обсуждении глобальных вопросов безопасности, наряду с экономической, военной, энергетической и экологической безопасностью, следует включить в анализ, причем далеко не на последнем месте, демографический фактор безопасности и стабильности мира, который должен учитывать не только количественные параметры роста населения, но и качественные, в том числе этнические, факторы» [4]. Демографы предлагают рассматривать программу демографической безопасности как основную форму реализации государственной политики в области народонаселения в условиях трансформации экономики.

В Республике Саха (Якутия) одной из существенных современных тенденций демографического развития является сокращение численности населения, начавшееся впервые с 1991 года. Свертывание горнодобывающего производства, которому принадлежала градообразующая роль, привело к переселению из неперспективных поселений и соответственно к интенсивному миграционному оттоку. В формировании населения республики произошла смена составляющих роста; миграционный фактор уже не играет ту главенствующую роль, которая была характерна для предыдущего периода. Сокращающийся естественный прирост не компенсирует миграционный отток населения за пределы республики.

Тем не менее естественный прирост населения имеет положительную величину; сохранение такого положения выступает в качестве отличительной особенности региона. В 2000 году он составил 3,9 на 1000 человек, в 2006 г. – 4,7‰, в 2011 г. – 7,8‰ (табл.1).

Таблица 1

Динамика коэффициентов естественного прироста населения Республики Саха (Якутия) за 2000-2011 гг. [3]

Годы	Российская Федерация	Дальневосточный федеральный округ	Республика Саха (Якутия)
2000	-6,6	-3,5	4,0
2001	-6,6	-3,5	3,7
2002	-6,5	-3,3	4,4
2003	-6,2	-3,3	4,9
2004	-5,6	-3,1	5,3
2005	-5,9	-3,8	4,1
2006	-4,8	-2,5	4,7
2007	-3,3	-1,2	6,4
2008	-2,5	-1,0	6,1
2010	-1,7	-0,6	7,0
2011	-0,9	-0,3	7,8
2011 / 2000	*0,14*	*0,06*	*1,95*

В Российской Федерации осталось немного регионов, где еще отмечается положительный естественный прирост населения; в их число входит и Республика Саха (Якутия) благодаря сохранению традиционного режима рождаемости. По данным за 2011 год по общему коэффициенту рождаемости республика занимала 1-е место в Дальневосточном федеральном округе и 6-е место в РФ (17,1‰), уступая лишь Чеченской Республике (29,0‰), Республике Тыва (27,5‰), Республике Ингушетия (27,0‰), Республике Алтай (22,7‰), Республики Дагестан (18,7‰). По итогам 10 месяцев 2012 года Якутия, имея общий коэффициент рождаемости 17,5‰, располагалась на 7 месте после Республики Тыва (26,7‰), Чеченской Республики (26,3‰), Республики Алтай (22,8‰), Республики Ингушетия (22,5‰), Республики Дагестан (18,7‰) и Ханты-Мансийского автономного округа – Югры (17,7‰).

Последние годы в динамике рождаемости отмечены позитивными изменениями; происходит рост абсолютного числа родившихся и общего коэффициента рождаемости (табл. 2).

Таблица 2

Динамика общих коэффициентов рождаемости за 2000 -2011 гг.(‰) [3]

Годы	Российская Федерация	Дальневос-точный федераль-ный округ	Республика Саха (Якутия)	Разница показателей	
				РС(Я) / РФ	РС(Я) / ДФО
2000	8,7	9,7	13,7	1,57	1,41
2001	9,0	10,3	13,9	1,54	1,35
2002	9,7	11,0	14,6	1,51	1,33
2003	10,2	11,6	15,0	1,47	1,29
2004	10,4	11,9	15,5	1,49	1,30
2005	10,2	11,5	14,3	1,40	1,24
2006	10,4	11,5	14,4	1,38	1,25
2007	11,3	12,3	16,1	1,42	1,31
2008	12,1	12,6	16,2	1,34	1,29
2009	12,4	13,0	16,8	1,35	1,29
2010	12,5	13,2	16,8	1,34	1,27
2011	12,6	13,2	17,1	1,36	1,30
2011 / 2000	*144,83*	*136,08*	*124,82*		
2011 / 2006	*121,15*	*114,78*	*118,75*		

В 2000 году общий коэффициент рождаемости в РС(Я) был в 1,57 раза выше, чем аналогичный в целом по Российской Федерации; по сравнению со средним коэффициентом рождаемости в Дальневосточном федеральном округе – в 1,41 раза. К 2011 году разница сократилась до соответственно 1,36 и 1,3 раза. Иными словами, происходит сближение показателей рождаемости в республике, России и на Дальнем Востоке.

Несмотря на рост рождаемости, проявляющийся в последние годы, долговременной тенденцией все-таки остается снижение рождаемости. Об этом свидетельствует показатель, не подверженный прямому влиянию возрастной структуры населения, – коэффициент суммарной рождаемости.

В Республике Саха (Якутия) суммарный коэффициент рождаемости практически на всем протяжении 2000-2011 гг. возрастал. Исключением стал только 2005 год (табл.3). Предпринятые по стимулированию рождаемости оказали непосредственное воздействие на динамику суммарного коэффициента рождаемости. Суммарный коэффициент за 2006-2011 гг. увеличился почти на 20%, почти подойдя к границе простого замещения поколений.

Такие же тенденции отмечались как в Российской Федерации в целом, так и в Дальневосточном федеральном округе.

Таблица 3

Динамика суммарного коэффициента рождаемости населения Российской Федерации и Дальневосточного федерального округа [3]

Годы	Российская Федерация	Дальневосточный федеральный округ	Республика Саха (Якутия)
2000	1,195	1,256	1,77
2001	1,223	1,322	1,78
2002	1,286	1,392	1,85
2003	1,319	1,443	1,87
2004	1,340	1,466	1,91
2005	1,287	1,404	1,74
2006	1,296	1,392	1,73
2007	1,406	1,487	1,92
2008	1,366	1,524	1,94
2009	1,537	1,575	2,01
2010	1,57		2,011
2011	1,60		2,063

Таким образом, анализ суммарной рождаемости подтверждает вывод о том, что в настоящее время тенденции имеют характер приближения к простому воспроизводству поколений, при котором материнское поколение замещается дочерним.

За 2007-2011 гг. в связи с принятием мер по стимулированию рождаемости на них откликнулись все возрастные группы. Наибольший прирост был достигнут в возрастных группах 45-49 (в 1,5 раза) и 40-44 года (в 1,28 раза). На протяжении 2007-2011 года отмечается рост интервальных показателей рождаемости практически у всех возрастных групп женщин. Вместе с тем следует отметить отмечаемое в последнее время снижение коэффициентов рождаемости у самых молодых женщин.

Меры стимулирования рождаемости отразились и на таком показателе, как специальный коэффициент рождаемости, который за 2000-2011 годы в Республике Саха (Якутия) увеличился на 33,05%.

Существенным моментом тенденций современной рождаемости является рост показателей внебрачной рождаемости. Изучение внебрачной рождаемости позволяет косвенно оценить отношение женщин к новым формам брачных отношений. Число детей, рожденных вне зарегистрированного брака – это тот показатель текущей демографической статистики, который опосредованно отражает распространение новых, неофициальных форм брака (сожительство, гражданский, гостевой, консенсуальный брак и т.п.).

В послевоенный период Россия характеризовалась относительно высоким уровнем внебрачной рождаемости по сравнению с другими странами, что связывалось с вынужденной послевоенной «безотцовщиной». В 1960 году этот уровень был выше только в Эстонии. Но к концу 60-х годов в Европе получило достаточное распространение массовое добровольное рождение детей вне зарегистрированного брака. В 1990-х годах это социальное явление распространилось и в России. Сейчас по доле внебрачных детей (около 30%) Россия занимает среднее положение в Европе. В Швеции и Эстонии доля рождений вне брака превысила 55%, в Греции не достигает и 5% [8, с.48].

Рост внебрачной рождаемости не входит в специфические только для России демографические явления. Увеличение числа нерегистрируемых браков и внебрачных рождений – тенденция, которая находится в русле второго демографического перехода и имеет универсальный характер. В России в последние 20 лет внебрачная рождаемость увеличилась в 2,6 раза во всем населении, в 2,8 раза – в городском населении, в 2,2 раза – в сельском.

Как показывают статистические данные, внебрачная рождаемость у женщин нашей республики так же росла (табл. 4).

Таблица 4
**Удельный вес детей, рожденных вне зарегистрированного брака,
в Республике Саха (Якутия) за 2000-2011 гг.** [3]

	2000	2005	2006	2007	2008	2009	2010	2011
Всего родилось детей, чел	13147	13591	13713	15268	15363	15970	16109	16418
в т.ч. у матерей, не состоящих в зарегистрированном браке (%)	32,7	38,3	39,5	38,5	38,2	38,6	37,8	36,7
Российская Федерация	28,0	30,0	29,2	28,0	26,9	...	24,9	24,6

Наибольший удельный вес был достигнут в 2006 году (39,5%). Однако, начиная с 2007 года, доля внебрачных детей стала снижаться, как и в целом по России. По всей вероятности, на динамике данного показателя также отразились меры, принимаемые по стимулированию рождаемости. Каждый четвертый родившийся у городской женщины Республики Саха (Якутия), и каждый пятый родившийся у сельской женщины – появились у матери, не состоящей в зарегистрированном браке. Причем только двое из троих таких детей были первенцами. Внебрачная рождаемость дает около 20% вторых и 10% третьих детей.

Среди субъектов Дальневосточного федерального округа Якутия не выделяется самыми высокими показателями. В 2010-2011 гг. ее значительно опережали Чукотский автономный округ и Еврейская автономная область, которые являются «лидерами» по этому показателю (табл. 6). В Чукотском АО чуть ли не половина всех рожденных детей появилась вне официально зарегистрированного брака.

Таблица 5

Внебрачная рождаемость в субъектах Дальневосточного федерального округа [3]

	2010 год		2011 год	
	всего родившихся у женщин вне брака	% к общему числу родившихся	всего родившихся у женщин вне брака	% к общему числу родившихся
Российская Федерация	**444891**	**24,9**	**441531**	**24,6**
Дальневосточный федеральный округ	**28785**	**34,7**	**28129**	**33,9**
Республика Саха (Якутия)	6089	37,8	6016	36,7
Камчатский край	1258	32,4	1228	30,7
Приморский край	7100	30,7	7029	30,1
Хабаровский край	6289	36,1	6061	35,1
Амурская область	4011	34,9	3857	34,4
Магаданская область	685	37,9	686	38,1
Сахалинская область	2105	35,0	1992	34,0
Еврейская автономная область	952	39,5	972	39,1
Чукотский автономный округ	296	39,7	288	41,9

Безусловно, есть различные причины внебрачной рождаемости, например, целенаправленное желание женщин иметь детей, но не иметь семью. Возможной причиной может быть отсутствие возможности вступления в брак. Внебрачная рождаемость имеет определенную значимость для дальнейшего развития рождаемости, поскольку рождаемость у женщин, воспитывающих детей в неполной семье, как правило, существенно ниже. Число детей у одиноких матерей зачастую ограничивается только 1 ребенком. В этом аспекте рост внебрачной рождаемости означает ограничение рождаемости в целом.

Структурный анализ рождаемости позволяет выявить причины, повлиявшие на изменение рождаемости населения в различные временные периоды.

На динамику общего коэффициента рождаемости оказывают влияние колебания доли женщин репродуктивно возраста в общей численности населения и повозрастных коэффициентов рождаемости, а также возрастные сдвиги в структуре женщин репродуктивного возраста. Первый и третий факторы обусловлены возрастной структурой населения, изменения второго определяются репродуктивными установками населения, на которые воздействуют в числе прочих и осуществляемые меры демографической политики.

Индексный метод анализа структуры общего коэффициента рождаемости позволяет выявить роль каждого из факторов, обусловивших изменение рождаемости. Этот метод, используемый в отношении общих коэффициентов рождаемости, позволяет определить, в какой степени изменение общих коэффициентов рождаемости в динамике или отличие величины этого показателя для одного населения от его величины для другого населения связано с изменением или различием собственно интенсивности деторождения, а в какой степени – с изменением или различием возрастной структуры населения.

Результаты расчета компонентов изменения общего коэффициента рождаемости представлены в табл. 6.

Таблица 6

Компоненты изменения общего коэффициента рождаемости в Республике Саха (Якутия) (в процентах к величине коэффициента в начале каждого периода)

годы	изменение общего коэффициента рождаемости	в том числе за счет изменения:		
		доли женщин 15-49 лет	структуры женщин репродуктивного возраста	возрастных коэффициентов рождаемости
1980	+1,5	+0,6	+1,0	-0,1
1985	-3,8	-0,3	-1,3	-2,3
1990	-8,3	-1,9	-3,2	-3,2
1995	-1,9	+1,5	-1,2	-2,2
2000	+4,6	+0,6	+0,2	+3,8
2001	+1,5	-0,9	+1,2	+1,1
2002	+5,0	+0,2	+1,7	+3,1
2003	+2,7	+0,5	+1,8	+0,4
2004	+3,3	+0,0	+1,5	+1,8
2005	-7,7	+0,0	+0,0	-7,7
2006	+0,7	-0,9	+1,9	-0,2
2007	+11,7	-0,2	+1,6	+10,3
2008	+0,6	-1,2	+1,5	+0,3
2010	+0,6	-0,36	1,50	-0,48
2011	+4,6	0,00	2,21	2,40

Наряду со структурным фактором значимое влияние на процессы рождаемости оказывает этнический фактор [6].

В современной трансформации рождаемости отчетливо отражаются изменения в ценностных ориентациях женщин. Изменения в иерархии жизненных ценностей и связанные с ними институциональные изменения, составившие суть второго демографического перехода, выразились в социальной трансформации, ориентированной на рост потенциала человека в аспекте его личной независимости. В демографической сфере это проявилось в стремлении женщин более взвешенно подходить к выбору брачного партнера и рождению детей, к росту гражданских браков как итогу избегания риска развода. Возросла значимость другой жизненной стратегии помимо материнства. В демографическом плане результатом этих изменений стала трансформация модели рождаемости.

Говоря о роли отдельных компонентов в формировании общего уровня рождаемости, необходимо отметить следующее. Хотя в России в целом к концу 90-х годов структурные факторы практически исчерпали свое влияние на рождаемость, в Республике Саха (Якутия) их роль достаточно ощутима. Снижение рождаемости не столь заметно именно за счет относительно благоприятной структуры женщин репродуктивного возраста и их более высокой доли в общей численности населения [9, с.35].

Увеличение коэффициента рождаемости в последние годы происходило, главным образом, за счет роста интенсивности рождаемости, что доказывается компонентным анализом рождаемости. Особенно существенным был прирост за счет возрастания интенсивности рождаемости в 2007 году. Такая динамика компонентов рождаемости свидетельствует о достаточной результативности мер стимулирования рождаемости и их действенности.

Таким образом, анализ динамики процессов рождаемости в Республике Саха (Якутия) показал, что современный период выделяется установлением устойчивой тенденции увеличения числа родившихся. За 2000-2011 годы число родившихся возросло в целом по РФ на 41,6%, по ДФО – на 24,85%, по РС(Я) – на 24,88%. Вместе с тем резерв повышения рождаемости в республике сокращается; причем скорость сокращения в республике выше, чем в России в целом и в других субъектах Дальнего Востока. В 2000 году общий коэффициент рождаемости в РС(Я) был в 1,57 раза выше, чем аналогичный в целом по Российской Федерации; по сравнению со средним коэффициентом рождаемости в Дальневосточном федеральном округе – в 1,41 раза. К 2011 году разница сократилась до соответственно 1,36 и 1,3 раза. Несмотря на отмечаемые тенденции в динамике рождаемости Республика Саха (Якутия) остается регионом с относительно высоким уровнем рождаемости по сравнению со среднероссийским уровнем и многими другими российскими субъектами.

С 2007 года в регионах Российской Федерации начал действовать достаточно обширный комплекс мер, цель которых – улучшение положения семей с детьми, мотивация к рождению детей, особенно высоких очередностей рождения, и в итоге – улучшение демографической обстановки в стране. Аналитический обзор мер государственной политики в сфере поддержки семей с детьми и стимулирования рождаемости показал, что спектр реализуемых мер очень разнообразен.

К числу наиболее популярных мер стимулирования рождаемости относится материнский капитал. В последние годы во многих регионах приняты нормативные документы, учреждающие региональный материнский капитал. В субъектах Дальневосточного федерального округа его размер варьирует от 30,0 тыс.руб. (Приморский край) до 300 тыс.руб. Однако следует учитывать, что результативность мер демографической политики имеет достаточно ограниченный срок воздействия на процессы рождаемости. Как правило, после 2-3 лет наступает эффект «привыкания», который отражается на замедлении темпов прироста или вообще на их остановке. В связи с этим необходимо постоянное совершенствование мер демографической политики, в том числе и в сфере стимулирования рождаемости.

Политика в области рождаемости должна быть направлена на снижение рисков для тех, кто стремится создать семью или уже создал ее, кто хочет иметь или уже имеет детей. Все это крайне необходимо для того, чтобы не ставить в крайне невыгодное положение тех людей, кто так или иначе участвуют в воспроизводстве демографического потенциала, так необходимого обществу и государству. «Решение проблемы низкой рождаемости заключается в предоставлении молодым мужчинам и женщинам чувства уверенности в том, что в случае, если они вступят в брак и решат завести детей, общество поддержит их в этом важном как для них самих, так и для общества решении. ... Фактически это означает перераспределение государственных средств в пользу тех, кому приходится заботиться о маленьких детях. Участие в этом процессе должны принимать и другие структуры – особенно те, что связаны с занятостью» [5, с.39]. А потенциал для увеличения рождаемости хотя бы до уровня 1,5-1,6 ребенка на женщину, по уверениям демографов, определенно есть [1].

Необходимо развивать систему социальной поддержки семей с детьми, с тем чтобы создать условия семьям с детьми как для более полной реализации сложившихся установок на рождение второго и последующих детей, так и для стимулирования рождаемости, изменения системы ценностей, повышения престижа семьи с несколькими детьми. В этом аспекте вполне действенными мерами могли бы стать такие, как, например, субсидирование процентной ставки по ипотечным кредитам для семей с детьми (например, в размере 0,5 ставки рефинансирования ЦБ РФ).

Для стимулирования матерей полностью использовать отпуск до 1,5 лет, что может положительно сказаться на здоровье ребенка и матери, целесообразно ввести небольшую дополнительную выплату (бонус) тем, кто использует отпуск до достижения ребенком 1 года и существенный бонус тем, кто не прервет отпуск до 1,5 лет. В качестве дополнительной меры стимулирования рождаемости можно предложить продление выплаты пособия на период отпуска по уходу за ребенком с 1,5 до 3 лет. Можно расширить спектр размеров пособия по уходу за детьми в зависимости от очередности рождения детей. Например, для работающих женщин: в размере 40% среднего заработка по уходу за первым ребенком, 50% - по уходу за вторым ребенком, 60% - по уходу за третьим ребенком и следующими.

На наш взгляд, привлекательна была бы такая мера, как увеличение стандартного налогового вычета до размеров прожиточного минимума детей и планки дохода, дающего право на налоговую льготу, что позволит значительной части родителей пользоваться налоговой льготы не несколько месяцев в году, как сейчас, а практически весь год.

В целях сохранения демографической безопасности политика в области рождаемости и поддержки семей с детьми должна включать комплекс минимальных социальных гарантий, обеспечивающих всем семьям, и особенно молодым, доступную и реально обеспеченную систему мер поддержки, реализуемых при рождении и воспитании детей (оплачиваемые отпуска, пособия, налоговые, пенсионные и жилищные льготы, доступность дошкольных учреждений и т.д.), а также меры, направленные на подготовку к семейной жизни, сохранение и укрепление репродуктивного здоровья. Меры демографической политики по стимулированию рождаемости должны кроме того содержать меры адресной социальной поддержки семей с детьми, находящихся в особо трудных обстоятельствах (многодетные и неполные семьи, семьи с детьми-инвалидами, семьи с безработными или нетрудоспособными родителей и т.п.). Безусловным компонентом политики должны стать специальные меры, которые могли бы стимулировать рождение 2-го и 3-го ребенка, без чего невозможно сохранение на должном уровне такого индикатора демографической безопасности, как суммарная рождаемость.

Литература

1. Антонов А.И., Борисов В.А. Динамика населения России в XXI веке и приоритеты демографической политики. М., 2006.
2. Демографическая и семейная политика: Сб.статей / под ред.В.В.Елизарова, Н.Г.Джанаевой. М., 2008.
3. Демографический ежегодник Республики Саха (Якутия). Стат.сб.: Саха (Якутия)стат. Якутск, 2012 .
4. Капица С.П. Демографическая революция, глобальная безопасность и будущее человечества» // Вопросы экономики, 2000. №12.
5. Макдональд П. Низкая рождаемость и государство: эффективность политики // Низкая рождаемость в Российской Федерации: вызовы и

стратегические подходы (Материалы международного семинара). – М.: Права человека, 2006.

6. Мостахова Т.С. Этническая специфика демографического развития в Республике Саха (Якутия) // Этническая демография: Сборник статей. - М., МГУ им.М.В.Ломоносова, 2010.

7. Мостахова Т.С., Туманова Д.В. Демографическая безопасность региона (на примере Республики Саха (Якутия)) // Региональная экономика: теория и практика. – 2009. - №14(107).

8. Россия и страны Европейского Союза. 2007: Стат.сб. / Госкомстат России. – М., 2008.

9. Сукнёва С.А. Демографический потенциал развития населения северного региона. Новосибирск: Наука, 2010.

Literature

1. Antonov AI, Borisov VA The dynamics of the population of Russia in the XXI century and the priorities of population policy. M., 2006.

2. Demographic and family policy: the collection of articles / under red.V.V.Elizarova, N.G.Dzhanaevoy. Moscow, 2008.

3. Demographic Yearbook of the Republic of Sakha (Yakutia). Stat.sb.: Sakha (Yakutia), stat. Yakutsk, 2012.

4. Kapitsa SP Demographic revolution, global security and the future of humanity "/ / Problems of Economics, 2000. Number 12.

5. McDonald P. Low fertility and the state: the effectiveness of policies / / low birth rate in the Russian Federation: Challenges and strategic approaches (Proceedings of the International Workshop). - New York: Human Rights, 2006.

6. Mostahova TS Ethnically specific demographic development in the Republic of Sakha (Yakutia) / / ethnic demography: Collection of articles. - Moscow, Moscow State University, 2010.

7. Mostahova TS, DV Tumanov Demographic security of the region (for example, the Republic of Sakha (Yakutia)) / / Regional Economics: Theory and Practice. - 2009. - № 14 (107).

8. Russia and the European Union. 2007: Stat.sb. / Goskomstat of Russia. - M., 2008.

9. Sukneva SA Demographic potential of the population of the northern region. Nauka, Novosibirsk, 2010.

Фомченкова Л.Д.
к.э.н., доц. филиала ФГБОУ ВПО «НИУ МЭИ» в г. Смоленске
Дли С.М.
студ. филиала ФГБОУ ВПО «НИУ МЭИ» в г. Смоленске

МОДЕЛЬ РАЗРАБОТКИ И ВНЕДРЕНИЯ УПРАВЛЕНЧЕСКИХ ИННОВАЦИЙ В СТРАТЕГИЧЕСКОМ МЕНЕДЖМЕНТЕ

На современном этапе эффективное стратегическое развитие организации во многом определяется ее инновационными возможностями – способностью своевременно производить требуемые изменения в главных сферах деятельности, главным образом, в сфере управления. Этим фактом обусловлено большое внимание, уделяемое изучением стратегических управленческих инноваций, под которыми понимаются меры, существенно изменяющие способ работы менеджмента или существенно модифицирующие традиционные организационные формы и тем самым способствующие прогрессу в достижении целей организации [1, 12]. Таким образом, можно говорить о том, что основой современной модели разработки и внедрения управленческих инноваций является формирование системы стратегического управления организацией, в основе которой лежит четкое разделение тактического и стратегического управления.

В существующих рыночных условиях организации сталкиваются с трудностями, обусловленными необходимостью адаптации к постоянно изменяющимся условиям внешней среды. Таким образом, для выживания организация должна действовать оперативно, постоянно внедряя новейшие методы и структуры управления, то есть постоянно осуществлять управленческие инновации, способные открыть для бизнеса широкие перспективы и обеспечить устойчивые конкурентные преимущества. Так, согласно оценкам экспертов, реализация инноваций в области менеджмента может увеличить ВВП страны на 50-80% [2, 75]. За последние сто лет наибольшего повышения производительности добились компании, которые внедряли именно управленческие инновации.

Несмотря на вышесказанное, разработка и внедрение управленческих инноваций в российских организациях происходят крайне редко. Даже наиболее прогрессивные хозяйствующие субъекты предпочитают продуктовые и технологические новшества. Одной из причин сложившегося положения является отсутствие четко сформулированной процедуры для реализации процесса внедрения инноваций данного типа.

Рассмотрим, каким образом известные процедуры реализации инновационного процесса могут быть адаптированы с учетом специфики управленческих инноваций.

Обычно процесс разработки и реализации инноваций предполагает последовательное выполнение следующих этапов:

- инициация;
- маркетинг инновации;
- выпуск (производство) инновации;
- реализация инновации;
- продвижение инновации;
- оценка экономической эффективности инновации;
- диффузия инновации.

Инициация предполагает выбор целей инновации, постановку задач, решаемых при помощи инноваций, и поиск идей. При осуществлении выбора целей управленческих инноваций необходимо обеспечить их согласование со стратегическими целями организации (в том случае, если управленческие инновации реализуются в рамках стратегического менеджмента).

При поиске идей имеет смысл учитывать тот факт, что управленческие инновации, в отличии от продуктовых, практически не поддаются правовой защите. Это создает благоприятную среду для использования так называемых открытых инноваций (в первую очередь получаемых без оплаты), обеспечивающих сочетание как внутренних, так и внешних идей для ускорения инновационного процесса, касающегося разработки и внедрения управленческих инноваций.

В случае продуктовой инновации после обоснования выбора проекта инновации проводятся маркетинговые исследования, предполагающие изучение спроса, уточнение характеристик нового продукта (технологии). Основное отличие данного этапа при разработке управленческой инновации заключается в направленности исследований в большей степени не на внешнюю, а на внутреннюю среду организации. Необходимо отметить, что именно нововведения в области менеджмента чаще всего приводят к появлению существенной проблемы сопротивления персонала изменениям, что необходимо учитывать при реализации данного этапа. Таким образом, имеет смысл предложить следующий вариант второго этапа инновационного процесса для управленческих инноваций: проект инновации должен быть предоставлен временной проектной группе, состоящей из сотрудников организации, менеджеров, представителей основных бизнес-партнеров, для оценки и внесения коррективов. По результатам опроса в проект вносятся изменения, после чего он вновь предоставляется на рассмотрение проектной группе. После окончательного утверждения проекта возможно переходить к следующему этапу.

Учитывая сложность прогнозной экономической оценки результатов управленческой инновации, следует включить отдельный этап, связанный с разработкой мероприятий по управлению изменениями. В рамках данного этапа должны быть оценены риски, связанные с сопротивлением изменениям. Указанные риски обычно приводят к росту затрат на внедрение управленческих инноваций, неполному соответствию результатов их использования целям инновационной деятельности и т.д. В этой связи целесообразно предложить следующую структуру рассматриваемого этапа: оценка возможных рисков, связанных с сопротивлением изменениям; оценка затрат на создание эффективной системы управления изменениями; учет влияния сопротивления персонала управленческим инновациям при оценке их экономической эффективности.

Производство инновации (материализация) подразумевает выпуск на рынок небольшой партии инновационного продукта, ее продвижение и оценку эффективности. В виду общей сложности реализации управленческой инновации для ее испытания, имеет смысл прибегнуть к моделированию для изучения основных эффектов, производимых новшеством. Следует также отметить, что методы, используемые для оценки эффективности продуктовой инновации (расчет коэффициентов рентабельности инноваций, прироста чистой прибыли, активов и т.д.), в достаточной степени трудно применимы в случае управленческих инноваций, поэтому имеет смысл использовать методики, включающие использование коэффициентов экономичности системы управления, доли затрат на управление в сумме общих затрат, мотивированности персонала и т.д.

Реализация инновации обычно в стандартном процессе управления продуктовыми новшествами заключается в промышленном выпуске инновационного продукта на рынок и его продвижении. Для управленческих инноваций имеет смысл акцентировать внимание на внутренней среде организации, проводя мероприятия, касающиеся мотивации сотрудников и заинтересованности их во внедрении новшества, направленные на снижение сопротивления изменениям, которые сопутствуют внедрению управленческих инноваций.

Стадия продвижения продуктовый инновации включает активное использование средств рекламы, создание информированности потребителей нового товара. Следует отметить, что, поскольку управленческие инновации как таковые не направлены на конечного потребителя, то имеет смысл исключить данную стадию из процесса разработки и внедрения инноваций. Однако продвижение нововведений в сфере менеджмента возможно применять в случае обмена опыта с партнерами, либо оказания консультационных услуг.

При оценке эффективности управленческой инновации следует применять не только вышеуказанные коэффициенты, но и масштабные опросы работников организации для выявления уровня их удовлетворенности.

Диффузия инноваций касается дальнейшего распространения освоенного новшества в новых регионах, рынках. Она может быть связана с изменением характеристик инновации, условий ее продвижения. Говоря об управленческих инновациях, под диффузией следует понимать распространение положительного опыта применения управленческих инноваций в другие функциональные области организации, а также его передача организациям-партнерам. Следует отметить, что участие организаций-партнеров на всех этапах внедрения управленческих инноваций, позволит повысить эффективность распространения опыта подобного вида.

Таким образом, все вышесказанное позволяет предложить следующую модель разработки и реализации управленческих инноваций, представленную на рисунке 1.

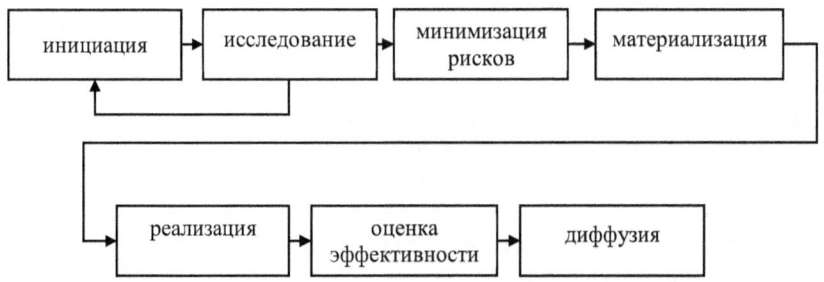

Рисунок 1 - Модель разработки и реализации управленческих инноваций

Как представляется, реализация данной модели разработки и реализации управленческих инноваций позволит обеспечить непрерывный поток нововведений, затрагивающих стратегический менеджмент, что благотворно скажется на конкурентоспособности организации и эффективности ее функционирования.

Литература:
1. Хэмел Гэри, Брин Билл Будущее менеджмента. М.: BestBusinessBooks, 2013. 280 с.
2. «Организационно-управленческие инновации: развитие экономики, основанной на знаниях». Национальный доклад Ассоциации Менеджеров России. По ред. С.Е. Литовченко – М.: «Ситроникс», 2011. – 104 с.

Голяшев В.А.
магистрант 2 года, ФГАОУ ВПО Казанский (Приволжский)
Федеральный Университет

МЕЖРЕГИОНАЛЬНАЯ ЭКОНОМИЧЕСКАЯ ИНТЕГРАЦИЯ В РОССИИ: ТЕНДЕНЦИИ И МЕХАНИЗМЫ РАЗВИТИЯ

Процессы интеграции во всех сферах социально-экономической жизни страны – мировой тренд последних десятилетий. Сильное переплетение взаимных интересов хозяйствующих субъектов, повышение эффективности оказания услуг, в том числе социальных, и производства товаров, прибыльности и социальной отдачи невозможно без взаимосвязи их внутри отрасли, региона, макрорегиона, национального рынка в целом. Максимальное удовлетворение нужд населения и государства возможно только при выстраивании четкой структуры связей и взаимодействий на всех уровнях.

Сегодня государству для достижения стратегических задач необходимо максимально использовать имеющиеся в каждом из регионовспецифические возможности для дальнейшего развития межрегиональных связей и глобального расширения их внешнеэкономических процессов на основе контрактов, соглашений; налаживать непосредственные контакты с наиболее перспективными финансовыми институтами с целью привлечения потенциальных доноров (инвесторов) в регионы; искать компаньонов по производству своей основной специализированной продукции; выходить на крупные межрегиональные, российские и международные товарные рынки с предметами торговли региона.

Эволюция межрегиональных экономических связей предполагает комплексное применение традиционных и вновь создающихся организационных форм экономического сотрудничества, или межрегиональной интеграции.

Межрегиональная интеграция– это территориальная интеграция определенного масштаба и в определенных пространственно-временных рамках. Широкая межрегиональная интеграция представляет в целом фундамент целостного экономического пространства государства (что, в свою очередь, составляет основу единства страны), где в схожих условиях и с полной взаимовыгодой сотрудничают федеральный центр, регионы, бизнес-структуры и население.[1,с.42]

Среди экономических, политических и культурных аспектов интеграционных межрегиональных процессов особое значение имеет экономическая интеграция. Важнейшей формой межрегионального сотрудничества является взаимодействие предприятий и организацийразных регионов страны.

В теории и практике организационные формы взаимодействия различных хозяйствующих субъектов весьма разнообразны. Предприятия в условиях рынка обладают широкими возможностями в перспективном сотрудничестве, независимо от их территориального расположения, в выстраивании информационных, производственных, торговых, научно-технических и прочих коммуникаций через формирование специальных интеграционных институтов – холдингов, финансово-промышленных групп, ассоциаций и прочее. Процесс выстраивания связей предприятий различных территорий принципиально не отличается от взаимодействия фирм одного региона. Однако необходимость учета хозяйствующим субъектом интересов нескольких территорий представляет возможность различного экономического воздействия органов государственной власти и иных управленческих структур на эффективность такого сотрудничества: от комплексной поддержки до абсолютного противодействия.

Кроме того к актуальным формам межрегионального экономического взаимодействия производителей можно отнести: ряд холдинговых предприятий, самые сильные из которых возникли в ресурсодобывающей, и прежде всего в топливной, нефтегазовой промышленности. При создании подобных структур преследовалась цель сохранить стабильность развития отрасли, а также увеличить размеры экспортных доходов в государственный бюджет. Поэтому многие из таких гигантов-монополистов, создав на всем пространстве страны филиалы и подразделения, сегодня фактически осуществляют координацию работы в различных регионах, организуя таким образом межрегиональное сотрудничество внутри своего предприятия. Деятельность по их созданию была подчинена необходимости перестройки промышленного комплекса и кооперирования инвестиционных ресурсов, рыночных механизмов развития производства, острой конкурентной средой среди отечественных и зарубежных представителей бизнеса. Деятельность финансово-промышленных групп предоставляет руководству территорий эффективный инструмент для реализации собственной структурной, прежде всего промышленной, политики.

Следовательно, анализ межрегионального сотрудничества предприятий в России отражает в общем позитивный настрой сотрудничества как важного компонента укрепления и сохранения единого экономического пространства государства, что, в свою очередь, является элементом стабильного федерального устройства Российской Федерации.

Формирование институтов, развивающих различные конфигурации интеграционных процессов, осуществляется в различных формах: от создания различных ассоциативных организаций («мягкая» форма межрегионального объединения – снизу) до образования в макрорегионах государственных структур и органов исполнительной власти («жесткая» форма - сверху). «Жесткие» модели межрегиональной интеграции в своей полной форме могут даже привести к изменению Конституции РФ и к значительному изменению административного распределения территорий в стране. В целом, можно говорить об обновленной модели федеративного устройства России, в которую внедряются в качестве новых важнейших компонентов масштабные экономические районы (альтернативные варианты – «макрорегионы», «губернаторства»,«федеральные округа»и т.д.) с полноправными атрибутами государственных образований (законодательной, исполнительной, судебной властью, собственной конституцией, гимном, флагом и пр.).[1,с.43]

Текущий формат реорганизации системы государственного устройства России скорее относится к промежуточному. До тех пор, пока центральным вектором деятельности современных региональных руководителей является осуществление межрегиональной оценки федеральных норм. По какому варианту пойдет дальнейшее развитие межрегионального сотрудничества –это открытый вопрос.

Уже сегодня нельзя преуменьшать роль разнообразных интеграционных институтов, которые формируются в макрорегионах России и с каждым днем играют все большую роль в их социально-экономической и политической жизни (общественные и благотворительныеорганизации, партии, конфессионально-этнические сообщества). Например, на Урале набирает обороты движение «Возрождение Урала», большую известность имеет «Конфедерациянародов Кавказа», в Новосибирске на межрегиональной основе создана «Сибирская партия».

Наиболее влиятельными межрегиональными институтами, которые начали образовываться в конце тысячелетия как реакция на бездействие руководства РФ в областирегиональной политики, являются межрегиональные ассоциации экономического взаимодействия.

Эти структуры значительно варьируются по масштабам, организационным структурам, плановым и фактическим результатам деятельности, а также по провозглашаемым целям и задачам. Можно выделить их следующие основные черты.

В состав всех подобных институтов входят субъекты РФ, расположенные на территории официально утвержденных крупных экономических районов (города и прочие муниципальныеобразования в состав ассоциаций не входят). Все межрегиональные ассоциации работают на территории представленного экономического района. Исключением является межрегиональная ассоциация «Сибирское соглашение». В данной структуре ассоциативная форма проявляется очень гибким образом, и она не повторяет слепо официально признанную сетку стандартного районирования страны.

Работа межрегиональных ассоциаций сфокусирована на решении наиболее острых правовых, экологических, экономических, социальных и иных вопросов, и для их решения в составе руководящих органов этих структур созданы различные координационные советы (комитеты, комиссии) по направлениям социально-экономического сотрудничества регионов, входящих в их состав. В координационные советы межрегиональных ассоциаций входят как представители законодательных и исполнительных органов субъектовФедерации, так и представители науки, бизнеса, общественных организаций и т. д. Руководит каждым таким советом в большинстве случаевглава одного из субъектовФедерации, где данная проблема стоит наиболее остро или где есть большой опыт ее решения.

Каждая межрегиональная ассоциация всегда имеет свой исполнительный орган. Это может быть небольшой штат, так и достаточно масштабная дирекция с иерархической структурой и специальными подразделениями, курирующими и обобщающими работу по всем направлениям.

Все межрегиональные институты имеют определенный бюджет, формируемый за счет взносов территорий – участников ассоциации, за счет поступлений от уставной деятельности, а также за счет добровольных взносов различных организаций данного макрорегиона.

Ряд ассоциаций имеют свои представительства в Москве, осуществляющие оперативную кооперацию структуры с органами власти и управленияфедерального уровня.

Межрегиональные ассоциации, с одной стороны, являются передатчиками единой региональной политики государства, которая требует осознанного стеснения интересов одних субъектов Федерации(доноров) в пользу других (реципиентов) и Федерации в целом, а это не всегда влечет адекватную реакцию регионов. С другой стороны, через межрегиональные ассоциации могут выражаться и эскалироваться наиболее острые и болезненные проблемы крупных территорий с целью их отражения в федеральной политике.

В целом анализ показывает, что эффективность работы межрегиональных сообществ в настоящее время гораздо ниже их потенциальных возможностей. Это определяется размытостью их функций и целей, недоработками правового статуса, отсутствием реальных способов регулирования коммуникационных процессов, невозможностью смены ориентации руководителей территорий с локальных интересы на интегрированные интересы. В большинстве случаев руководство некоторых межрегиональных сообществ использует их возможности только для оказания воздействия на федеральный центр и для лоббирования интересов конкретного региона.

Список литературы:

1. Коваленко Е. Г. Региональная экономика и управление : учебное пособие /Коваленко Е.Г.- - СПб.: Питер, 2005. - 288 с

2. Грицай, О.В. Центр и периферия в региональном развитии / О.В. Грицай, Г.А. Йоффе, А.И. Трейвиш. – М.: Наука. – 1991. – 161 с.

3. Путин В.В. О наших экономических задачах [Текст] / В.В. Путин // Ведомости. – 2012. – 30 января. – № 15 (3029).

4. Развитие межрегионального сотрудничества в новых экономических условиях: проблемы и перспективы [Электронный ресурс]. – Режим доступа:http://www.komfed.ru/section_42/527.html, свободный

Жаботинская Т.А.
аспирант 1 года обучения Северо-Кавказского Федерального Университета
Института Экономики и Управления
кафедры Денежного обращения и кредита специальности «финансы,
денежное обращение и кредит»
08.00.10
sts-25@list.ru

ФИНАНСОВЫЕ РИСКИ И СПОСОБЫ ИХ СНИЖЕНИЯ НА ПРИМЕРЕ КОММЕРЧЕСКОГО БАНКА

В современном обществе в условиях обострения конкурентной борьбы внимание к рискам увеличивается. Банки чаще занимают агрессивную позицию по отношению друг к другу, проводят более рискованные операции и сделки.

Кредитные банки сталкиваются с повышенным риском по сравнению с небанковскими институтами, т.к. имеют дело с финансовыми активами и пассивами (кредитами и депозитами), которые не могут быть также легко реализованы на рынке, как акции, облигации и другие ценные бумаги. Это проявляется в том, что наряду со средствами своих акционеров, банк несет повышенные риски по привлеченным средствам, по которым, в случае наступления рискового события, будет отвечать собственными средствами, что является объективным фактором, требующим учета. С другой стороны, банки в своей деятельности учитывают и субъективные факторы (решающим является экспертное мнение аналитиков, целью которых является использование доступной информации, учитывая факторы риска, определить экономический эффект от банковской операции).

Подытоживая мнения западных и российских ученых, финансовые риски в деятельности кредитных организаций - это вероятностная характеристика события, которое в отдаленной перспективе может привести к возникновению потерь, неполучению доходов, недополучению или получению дополнительных доходов, в результате осознанных действий кредитной организации под влиянием внешних и внутренних факторов развития в условиях неопределенности экономической среды.

Существует ряд критериев, которым должна удовлетворять система рисков:

Соответствие цели конкретной организации. Банки ставят своей целью получение прибыли и обеспечение сохранности денежных средств и ценностей, размещенных на текущих счетах клиентов, полученных в управление/хранение.

Отношение к регулированию, т.е. деление на внешние и внутренние. Внешние риски могут быть только учтены в деятельности, а на внутренние может быть оказано воздействие путем их изучения и минимизации, а в некоторых случаях возможна и их ликвидация.

Соответствие условиям банковской операции (срок, обеспечение, валюта платежа, соотношение кредитования крупных и мелких заемщиков, акционеров и инсайдеров).

Приемлемость системы рисков для осуществления последующего управления и контроля.

Принадлежность к активным и пассивным операциям и к определенному структурному подразделению. В банках риски возникают в трех крупных подразделениях: Кредитное (в основном сталкиваются с кредитными рисками), Казначейство (при проведении активных операций принимает на себя валютный риск, портфельный риск, кредитный риск, риск процентной ставки, риск ликвидности и другие.) и Операционное (в основном связано с операционными рисками и рисками трансферта).

Важно, прежде всего, разделять риски по их уровню. Риск банковского сектора экономики связан с экономикой и политикой страны в целом, ее законодательной базой и системой управления. Риски, охватывающие экономику отдельно взятого банка, связаны с его конкретной деятельностью, умением эффективно управлять проходящими через него денежными потоками.

Не менее важно различать риски, связанные с деятельностью банков по созданию продуктов и услуг, выполнением операций. Занимаясь кредитными, расчетными, депозитными, валютными и другими операциями, банк будет нести риски, связанные с каждым конкретным видом деятельности. Минимизируя их, банки расширяют перечень своих продуктов и услуг, диверсифицируют деятельность и повышают качество операций.

Существенное значение для повышения эффективности деятельности банка имеет классификация рисков в зависимости от степени обеспечения его устойчивого развития. От того, как банки управляют своей ликвидностью, формируют капитальную базу, согласуют процентную политику по активным и пассивным операциям, умеют организовать свою работу и обеспечить высокую конкурентоспособность на рынке банковских продуктов и услуг, зависит сбалансированное, стабильное и устойчивое функционирование кредитного учреждения в экономике страны.

Для наглядного примера классификации финансовых рисков банка приводится их структура (рисунок 1).

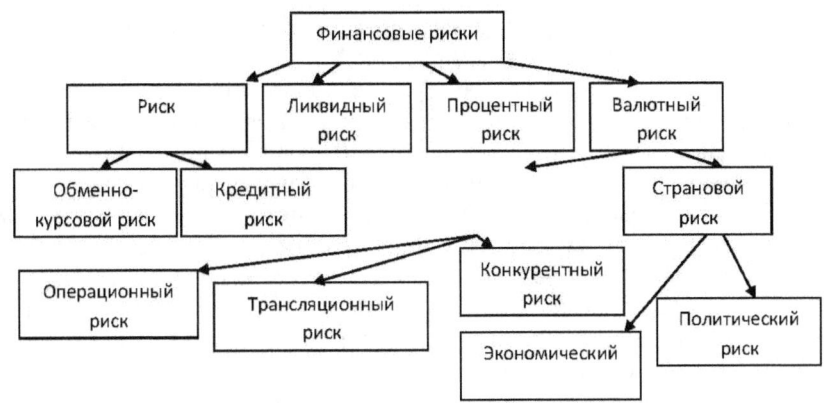

Рисунок 1. Структура финансовых рисков банка

Система управления банковскими рисками - это совокупность приемов работы персонала банка, позволяющих обеспечить положительный финансовый результат при наличии неопределенности в условиях деятельности, прогнозировать наступление рискового события и принимать меры к исключению или снижению его отрицательных последствий.

Система управления рисками ориентирована на решение задач:

1. Обеспечение оптимального соотношения между доходностью банковских операций и их рискованностью.

2. Поддержание ликвидности банковских средств на достаточном уровне при оптимизации объема прибыли.

3. Удовлетворение нормам достаточности собственного капитала банка (ЦБ РФ осуществляет регулирование его величины, используя норматив достаточности собственных средств в соответствии с требованиями Инструкции №110-И «Об обязательных нормативах банков»).

Поставленные задачи реализуются через организованную систему управления рисками, основу которой составляют субъект и объект управления.

К субъектам управления банковскими рисками можно отнести:

руководство банка, отвечающее за стратегию и тактику банка, направленные на рост прибыли при допустимом уровне рисков;

комитеты, принимающие решения о степени определенных видов фундаментальных рисков, которые может принять на себя банк;

подразделение банка, занимающееся планированием его деятельности;

функциональные подразделения, отвечающие за коммерческие риски, связанные с направлениями их деятельности;

аналитические подразделения, предоставляющие информацию для принятия решений по банковским рискам;

службы внутреннего аудита и контроля, способствующие минимизации операционных рисков и выявлению критических показателей;

юридический отдел, контролирующий правовые риски.

Влияние человеческого фактора на систему управления рисками сложно переоценить, так как решение о принятии или отказе от риска, его оценкой и управлением занимаются сотрудники банка.

Объектом управления выступают банковские операции, подверженные рискам, а также экономические отношения, возникающие между банком и хозяйствующими субъектами в процессе принятия риска.

В настоящее время важными для банка становятся риски, напрямую не связанные с осуществлением операций (репутация, конкуренция и возможность потери персонала).

Таким образом, решение проблемы управления финансовыми рисками лежит в разработке методики управления отдельными видами рисков с целью выявления, локализации, измерения и контроля над ними для минимизации их влияния. При ее формировании учитывается как специфика деятельности коммерческого банка и присущие ему риски, так и методы их оценки, процедуры управления и контроля для каждого типа риска. Важную роль играет четкое разграничение ответственности и разделение обязанностей в процессе идентификации и управления рисками.

Основными методами управления рисками являются:

мониторинг;

установление внутрибанковских нормативов и лимитов;

диверсификация операций;

формирование достаточного уровня резервов на покрытие потерь;

хеджирование.

Разделение процесса управления финансовых рисков на этапы способствует реализации классической схемы управленческого процесса: анализ - планирование - формирование регулирующего воздействия - учет и контроль. Кроме того, представленная схема позволяет создать эффективную организационную структуру системы управления рисками, в которой каждое подразделение работает в определенном заданном направлении. Однако разделение процесса управления риском на этапы не означает, что существуют временные интервалы при осуществлении данных мероприятий. Весь процесс управления является непрерывным, все его этапы тесно переплетены и осуществляются одновременно для разных видов риска.

Большое влияние оказывает качество информационно-аналитической службы банка. Если нарушается обмен информацией, становится невозможно оперировать доходностью, ликвидностью и риском, что ведет к банкротству, которое наступает еще быстрее, когда информационные потоки не увязаны со стратегическими целями и конкретными этапами их достижения.

СПИСОК ЛИТЕРАТУРЫ

1. Инструкция ЦБ РФ от 16.01.2004 г. №110-И «Об обязательных нормативах банков».

2. Акодис, И.А. Финансовый анализ деятельности банка [Текст]: учебник / под ред. И,А, Акодиса. – М.: ЮНИТА-ДАНА,2009. – 455с.

3. Бабичев, Ю.А. Банковское дело [Текст]: учебное пособие / под ред. Ю.А. Бабичева. – М.: Экономика, 2009. – 487с.

4. Банковское дело: [Текст]учебник / под ред. Г.Г. Коробовой. – М.: Экономист, 2010. – 766с.

5. Банковское дело: розничный бизнес [Текст] : учеб. пособие / под ред. Г.Н. Белоглазовой, Л.П. Кроливецкой. - М. : КНОРУС, 2010. - 416 с.

6. Головкин, В.Ю. Еще Раз о надежности банка [Текст]: справочное пособие / под ред. В.Ю. Головкина. – М.: ЮНИТИ, 2009. – 258с.

7. Гончаров, А.И. Деньги. Кредит. Банки [Текст] : учебник. Ч. 3 : Банки / А. И. Гончаров, М. В. Гончарова. - Волгоград : ВолгГТУ, 2010. - 252 с.

8. Киселев, П.В. Коммерческие банки – отечественный и зарубежный опыт выживания [Текст]: учебное пособие / под ред. П.В. Киселева. – М.: ЭкономЪ, 2009. – 477с.

9. Лаврушин, О.И. Управление деятельность коммерческого банка [Текст]: Учебник / Под ред О.И. Лаврушин. – М.: ЮристЪ, 2010. - 452с.

10. Малахитов, Р.П. Банки, деньги и кредит [Текст]: учебное пособие / Под ред. Р.П.. Малохитова. – М.: АПРИТ-ЮТ,2009. – 485с.

11. Меркулова, И.В. Деньги, кредит, банки [Текст] : учеб. пособие / И. В. Меркулова, А. Ю. Лукьянова. - М. : КНОРУС, 2010. - 352 с.

12. Основы банковского дела [Текст] : учеб. пособие / под ред. О.И. Лаврушина. - М.: КНОРУС, 2008. - 384 с.

13. Питрушин, Р.А. Риски. Теоретические аспекты [Текст]: учебное пособие / Под ред. Р.А. Питрушина. М.: Альбина, 2010. – 327с.

14. Романовский, М.В Финансы, денежное обращение и кредит [Текст]: учебник / под ред. О.В. Врублевкая – М.: Юрайт – Издат, 2007. – 543 с.

Волкова О.Ю.
доцент, к.э.н., Сибирский государственный университет путей
сообщения (г. Новосибирск),
volkova.sgups.@gmail.com

БЮДЖЕТИРОВАНИЕ ЗАТРАТ В ПРЕДПРИЯТИЯХ ЖЕЛЕЗНОДОРОЖНОГО ТРАНСПОРТА НА ОСНОВЕ МОДЕЛИРОВАНИЯ ТЕХНОЛОГИЧЕСКИХ ПРОЦЕССОВ

На предприятиях железнодорожного транспорта для обеспечения перевозочного процесса используется подвижной состав, электротехнические и радиотехнические средства измерений, другое оборудование, от точной и безотказной работы которых напрямую зависит безопасность и безаварийность перевозок. Развитие транспорта во всем мире обеспечивается постоянным внедрением ресурсосберегающих технологий и новых современных средств производства. Технологии основных производственных процессов по техническому обслуживанию и ремонту модернизированных средств меняются в результате инноваций, что должно своевременно находить отражение в бюджетах затрат и калькуляциях стоимости работ.

Обособленные структурные подразделения ОАО «РЖД», выполняя работы, самостоятельно составляют для заказчиков индивидуальные калькуляции стоимости оказанных услуг и формируют расчетные цены на услуги. Таким образом, вопросы калькуляции затрат на ремонт и техническое обслуживание подвижного состава, приборов и оборудования, применяемых на железнодорожном транспорте, сейчас имеют особую актуальность.

Поскольку ремонт и техническое обслуживание являются трудоемкими процессами, в настоящее время перед экономическими подразделениями филиалов ОАО «РЖД» стоит ряд сложных проблем, связанных с учетом в калькуляциях затрат труда на производство работ. Ранее бюджетирование затрат на оплату труда опиралось на среднюю заработную плату и нормативную численность работников. При этом нормы затрат труда устанавливались на основе хронометражных наблюдений по фактическим затратам исполнителей, а не на основе пооперационной технологии трудового процесса. В настоящее время такой подход не является эффективным. Исследования на предприятиях Западно-Сибирской и Красноярской железных дорог показали, что к бюджетированию затрат необходимо применять ситуационный подход.

Во-первых, на производство большого количества работ не представляется возможным использовать единые отраслевые или другие единые нормы времени. Рекомендованные различными структурами регламенты производства работ значительно различаются между собой, что связано с тем, что одни и те же технические средства, приборы и оборудование могут использоваться в разных целях, иметь различное предназначение, следовательно, к ним будут предъявлены различные технические требования. Например, могут отличаться требования заказчика к диапазону стабильной работы, допустимым отклонениям. Кроме того, техническое оснащение различных структурных подразделений, выполняющих работы по ремонту и обслуживанию, может существенно отличаться, следовательно, будет отличаться регламент производства работ.

Во-вторых, в связи с выпуском новых и модификацией уже существующих в эксплуатации подвижного состава, приборов, оборудования, в частности, зарубежного производства, утвержденные или рекомендованные регламенты производства работ для них отсутствуют.

В-третьих, технология и состав работ каждого внепланового (аварийного) ремонта подвижного состава, приборов, средств измерений, другого оборудования индивидуальны, зависят от вида и тяжести неисправности, от сочетания неисправностей, что не позволяет разработать постоянную единую норму времени на производство ремонта каждого средства производства.

В-четвертых, техническое обслуживание и ремонт подвижного состава, приборов и оборудования на железнодорожном транспорте являются бизнес-процессами, обеспечивающими безопасность перевозок, и технология их производства должна неукоснительно соблюдаться. Однако, выбор технологии осуществляется с учетом целевого назначения средств производства, технического оснащения предприятий и требований заказчика, то есть зависит от меняющихся условий внешней среды.

Таким образом, чтобы обладать достоверными унифицированными нормами на техническое обслуживание и ремонт подвижного состава, средств измерений, приборов, другого оборудования, то есть возможностью точно рассчитать сумму затрат для составления достоверной калькуляции стоимости оказываемых услуг, на железнодорожном транспорте целесообразно применять инструменты моделирования технологических процессов.

Моделирование позволит достоверно оценить затраты всех видов ресурсов при изменении входных параметров, параметров внешней среды и внутренних свойств технологических процессов что будет являться основой составления системы оптимальных бюджетов, особенно бюджета затрат на оплату труда.

Исследования современных подходов к формированию моделей технологических процессов на железнодорожном транспорте [2,14] позволили выделить этапы моделирования процессов технического обслуживания и ремонта средств производства:
- выбор математической модели для технологического процесса;

- формулировка целей процесса;
- определение атрибутов для всех элементов;
- выявление входных параметров процесса (вид ремонта или технологического обслуживания, наименование и тип ремонтируемого средства производства, техническое состояние по результатам осмотра, требования нормативных документов к отремонтированному средству);
- выявление параметров воздействия внешней среды, в том числе изменения требований нормативных документов (правил технической эксплуатации, государственной системы единства измерений и др.) и дополнительные требования клиентов;
- определение параметров внутренних свойств технологического процесса (техническая оснащенность, численность и квалификационный состав и квалификация исполнителей работ, обеспеченность материальными ресурсами);
- определение структуры технологического процесса: выявление всех элементов процесса, определение связей между элементами и последовательности элементов процесса;
- расчет выходных параметров технологического процесса (трудоемкость, длительность операций, расход материальных ресурсов, запчастей, энергетических ресурсов, себестоимость выполнения операций).

Основные сложности моделирования технологических процессов технического обслуживания и ремонта средств производства на предприятиях железнодорожного транспорта:
- необходимый производственный результат не является объемным показателем, а включает в себя качественные характеристики, существенным образом влияющие на безопасность перевозок;
- практически в каждом производственном цикле изменяются как входные параметры технологического процесса (вид и структура ремонта), так и его внутренние свойства (техническая оснащенность рабочего места, численность и уровень квалификации работников), часто изменяются требования внешней среды (дополнительные требования клиентов);
- многовариантность технологического процесса требует согласования с нормативной базой, регламентирующей требования к обеспечению безопасности перевозок.

Литература:

1. Генкин Б.М. Организация, нормирование и оплата труда на промышленных предприятиях. – М.: Издательство НОРМА, 2003. – 400 с.
2. Сергеев К.А. Современный подход к формированию моделей технологических процессов ремонта вагонов. – Вестник ВНИИЖТ, №1, 2005

Лунина Т.А.
доцент, к.э.н., заведующий кафедрой «Менеджмент на транспорте»
Сибирского государственного университета путей сообщения
(г. Новосибирск), lunina@stu.ru
Дементьев Д.С.
магистрант, Сибирский государственный университет путей
сообщения (г. Новосибирск), dsdem@stu.ru

ОЦЕНКА ЭФФЕКТИВНОСТИ ДЕЯТЕЛЬНОСТИ УЧРЕЖДЕНИЯ ВЫСШЕГО ПРОФЕССИОНАЛЬНОГО ОБРАЗОВАНИЯ

Оценка эффективности деятельности учреждений высшего профессионального образования может рассматриваться с двух позиций. С одной стороны, необходимо оценивать финансовые показатели работы учреждения. С другой стороны, учреждения высшего профессионального образования являются стратегически важными объектами в реализации национальных целей социального и экономического развития государства.

Опыт индикативного управления, по мнению ряда ученых, позволяет сочетать стратегические приоритеты государства и интересы конкретных организаций, производящих социально значимые товары и услуги. Согласно определению Тхорикова Б.А., «индикативное управление представляет собой систему отношений, возникающих в условиях рыночной экономики между государственными институтами и хозяйствующими субъектами, по поводу определения системы индикаторов социально-экономического развития на основе согласования целей, координации способов их достижения и выработки критериев оценки эффективности деятельности заинтересованных сторон» [1,11].

Поскольку методология и инструментарий индикативного управления в российской экономике только начинают складываться, в настоящее время не разработана достоверная и апробированная система показателей индикативного управления для организаций высшего профессионального образования.

Исследование проводилось на базе отраслевого учреждения высшего профессионального образования (университета путей сообщения) и было направлено на реализацию двух этапов системы индикативного управления:

- формулировка и оценка целей деятельности организации;
- разработка индикаторов.

В исследовании был изучен опыт успешного применения индикативного управления в сфере здравоохранения.

Предлагаемый алгоритм целеполагания для университета путей сообщения включает в себя:

- формулировку стратегических направлений развития системы высшего образования РФ;

- формулировку стратегических направлений развития отрасли железнодорожного транспорта в экономике РФ;

- формулировку стратегических направлений развития ОАО «Российские железные дороги» (основной заказчик);

- детализация целей на уровне учреждения высшего профессионального образования;

- выбор целевых индикаторов и определение их количественных значений.

В исследовании были сформулированы требования к системе индикаторов учреждения высшего профессионального образования:

- на каждом уровне управления учреждением индикаторы должны быть едины;

- индикаторы на разных уровнях управления учреждением должны быть сопоставимы;

- индикаторы на всех уровнях управления учреждением должны быть определенными и измеряемыми;

- система индикаторов должна обеспечивать комплексную оценку всех направлений деятельности учреждения (учебная, научная, воспитательная, хозяйственная), охватывать максимально большое количество процессов;

- для субъектов, участвующих в различных направлениях деятельности учреждения, индикаторы не должны быть противоречащими друг другу;

- система индикаторов должна быть гибкой, способной отражать все изменения в государственных образовательных стандартах, на рынках труда;

- для каждого уровня управления учреждением количество индикаторов должно быть ограничено.

Были выделены и сформулированы следующие целевые направления параметров оценки:

1) выполнение государственного и отраслевого задания – главный количественный параметр, отражающий объем выполняемой работы (отраслевая эффективность);

2) удовлетворенность клиентов качеством образовательных услуг – параметр, характеризующий многокомпонентную субъективную оценку качества образовательных услуг клиентами (социальная эффективность);

3) исполнение консолидированного бюджета – интегральный параметр, обобщающий данные о целесообразности и эффективности произведенных расходов (экономическая эффективность).

С учетом успешного опыта применения индикативного управления в сфере здравоохранения [1,21] и опыта ведущих ВУЗов страны в области оценки качества образовательных услуг была сформулирована единая система индикаторов, в том числе по следующим параметрам:

1. Выполнение объема государственного задания.

2. Соблюдение государственных образовательных стандартов (соответствие образовательных программ государственным образовательным стандартам).

3. Уровень технической оснащенности и уровень материально-технической обеспеченности учебного процесса (увеличение общей площади учебно-лабораторных зданий в расчете на 1 студента приведенного контингента; увеличение количества персональных компьютеров в расчёте на 1 студента приведённого контингента; увеличение обеспеченности библиотечными фондами).

4. Субъективная удовлетворенность клиентов (повышение среднего балла ЕГЭ; рост конкурсного отбора абитуриентов; повышение численности слушателей сторонних организаций).

5. Доступность образовательных услуг (стоимость обучения; доля бюджетных мест в общем числе мест).

6. Уровень квалификации персонала (доля педагогов, имеющих научную степень и ученое звание; доля преподавателей, прошедших повышение квалификации за последние 5 лет; количество печатных листов на 1 педагога в год; доля педагогов, участвующих в хоздоговорных и госбюджетных исследованиях; уровень оплаты труда профессорско-преподавательского состава и вспомогательного персонала в сопоставлении со средней заработной платой в регионе; рост средней заработной платы педагогов; доля педагогов, знающих и применяющих иностранный язык в процессе реализации образовательных программ и научно-исследовательской деятельности).

7. Уровень выполнения доходной части бюджета.

8. Уровень выполнения расходной части бюджета.

Система индикативного управления может быть успешно применена для решения ряда актуальных задач российского образования, в том числе:

- оперативная оценка эффективности деятельности отдельных учреждений высшего профессионального образования;

- сравнительная оценка эффективности деятельности разнопрофильных учреждений высшего профессионального образования.

Литература:

1. Тхориков Б.А. Методологические основы индикативного управления развитием организаций социальной сферы (на примере учреждений здравоохранения). – Автореф. на соиск. уч. степени докт. экон. наук. – Курск, 2013. – 33с.

Багузова О.В.[1], Балакин А.П.[2]
[1] кандидат экономических наук, филиал МЭИ в г. Смоленске
[2] аспирант, филиал МЭИ в г. Смоленске

МЕТОДИКА РАСЧЕТА ПРИОРИТЕТА РЕАЛИЗАЦИИ ПЛАНОВЫХ МЕРОПРИЯТИЙ В РАМКАХ ИНВЕСТИЦИОННОЙ ПРОГРАММЫ ПО РАЗВИТИЮ ЭЛЕКТРОСЕТЕВОГО КОМПЛЕКСА

Работа выполнена в рамках базовой части государственного задания Минобрнауки России №2014/123 на выполнение государственных работ в сфере научной деятельности, проект № 2493

В современных постиндустриальных условиях важнейшую роль в отечественной экономике играет электроэнергетика, которая обеспечивает 10% внутреннего валового продукта, является стратегическим поставщиком энергетических ресурсов и формирует основу национальной безопасности России.

В советское время был сформирован мощный генерирующий комплекс, включающий атомные, тепловые и гидравлические электростанции, а также создана сетевая инфраструктура, заложившая основу современной единой энергетической системы России. В настоящее время она представляет собой совокупность шести взаимосвязанных укрупненных энергосистем, покрывающих практически всю территории страны и объединяющих объекты генерации и передачи электроэнергии, работающие в общем режиме в рамках централизованного оперативно-диспетчерского управления.

Кардинальное изменение принципов государственного регулирования экономики, произошедшее в результате распада Советского Союза, привело к необходимости реформирования модели управления электроэнергетической отрасли: реструктуризации активов, либерализации рынка и привлечению масштабных инвестиций в модернизацию и развитие генерирующих мощностей и электросетевого хозяйства [4].

Однако несмотря на проведенные реформы в электроэнергетике, сегодня отмечается высокий уровень морального и физического устаревания генерирующего и сетевого оборудования, что обусловлено недостаточным уровнем финансирования в 90-е годы. В наиболее сложных условиях сегодня находится электросетевой комплекс: износ магистральных электрических сетей составляет 50%, а распределительных сетей - 70%, при этом средний возраст технологического оборудования превышает 40 лет [1].

В последние годы наметился значительный рост объемов инвестиций в основные фонды электросетевого хозяйства, однако темпы выбытия оборудования зачастую существенно его превышают. В этой связи особую актуальность приобретает проблема отбора перспективных инвестиционных проектов, осуществляемого в условиях высокой технологической сложности энергосистемы, ограниченности финансовых ресурсов и необходимости обеспечения требований к надежности электроснабжения и качеству электроэнергии.

В целом, комплекс мер по развитию электросетевого хозяйства можно разделить на внеплановые и плановые. К внеплановым относятся мероприятия по ликвидации различных видов аварий, непозволяющих в полном объеме выполнять договорные обязательства по надежному и бесперебойному электроснабжению потребителей, которые требуют немедленного решения для обеспечения устойчивости энергосистемы (т.е. имеют наивысший приоритет выполнения).

К плановым мероприятиям относятся строительство, реконструкция, модернизация, ликвидация / консервация объектов электросетевого хозяйства, а также внедрение передовых технологий интеллектуальных электрических сетей *Smart Grid* и интеллектуальных измерительных приборов *Smart Metering*. К основным объектам электросетевого хозяйства относятся линии электропередачи, трансформаторные и иные виды подстанций, распределительные пункты, объекты релейной защиты, линейной и противоаварийной автоматики, а также каналы связи.

Программы перспективного развития электросетевого комплекса включаются комплекс плановых мероприятий – инвестиционных проектов, которые направлены на обеспечение устойчивого функционирования энергосистемы, а также повышение показателей надежности электроснабжения и качества электроэнергии и снижения технологических потерь в электросетях [2,10].

Разработка инвестиционных программ требует ранжирования плановых мероприятий по степени их значимости, которая должна учитывать различные виды эффектов от их практической реализации, связанные с повышением надежности функционирования единой национальной энергетической сети (ЕНЭС), улучшением экологических показателей и социально-экономическим развитием страны [3,48]. В таблице 1 показан перечень эффектов, которые могут быть достигнуты в результате инвестирования в проекты по развитию электросетевого комплекса, а также набор показателей для их количественной оценки.

Приоритет реализации плановых мероприятий в рамках инвестиционной программы по развитию отечественного электросетевого комплекса определяется на основе анализа вышеуказанных показателей и их ранжирования по степени значимости получаемых эффектов. Для ранжирования мероприятий можно использовать медиану Кемени, которая будет рассматривать альтернатив не в разрезе мнений экспертов, а вышеуказанных показателей оценки различных эффектов от практической реализации инвестиционных проектов.

Таблица 1 – Оценка эффектов от реализации инвестиционного проекта

Эффект	Примеры показателей
Общесистемный	Повышение эффективности функционирования электросетевого комплекса Повышение наблюдаемости энергосистемы за счет интеграции информационных систем Повышение устойчивости ЕНЭС Повышение безопасности функционирования ЕНЭС (в результате защиты от террористических и иных угроз, повышения сейсмоустойчивости)
Технический	Снижение технологических электропотерь в ЕНЭС Повышение надёжности электроснабжения потребителей Повышение качества поставляемой электроэнергии Оптимизация режима электроснабжения Повышение пропускной способности сети Уменьшение пиковой нагрузки сети Увеличение числа технических подключений потребителей
Организационный	Повышение автоматизации систем управления и учёта электроэнергии Повышение качества управления и регулирования Накопление опыта внедрения новых технологий Обеспечение загрузки НИИ Развитие и обновление нормативно-технической базы
Финансовый	Снижение затрат на аварийные и капитальные ремонты Снижение коммерческих электропотерь в сетях Снижение прибыли из-за перерывов в электроснабжении Рост прибыли за счёт повышения точности учёта Сопоставление по показателям экономической эффективности (*NPV, IRR*, срок окупаемости и т.д.)
Социально-экономический	Рост налоговых поступлений Создание дополнительных рабочих мест Возможность привлечения госфинансирования Размещение заказов на отечественных предприятиях
Экологический	Сокращение площадей отчуждения под объекты электросетевого хозяйства Снижение негативного воздействия на биосферу (доли маслонаполненного оборудования, электромагнитного излучения, утечек из элегазового оборудования, смертности редких видов птиц и т.п.) Сокращение выбросов CO_2

В общем, предлагаемая методика ранжирования плановых мероприятий состоит их следующих этапов:

1. Формирование набора сравненных альтернатив – плановых мероприятий.

2. Выбор показателей для оценки перспективности плановых мероприятий. Ввиду большого количества показателей (не менее 10) предполагается, что они имеют равный вес в процессе принятия решения.

3. Ранжирование плановых мероприятий по каждому показателю в порядке убивания получаемого эффекта.

4. Получение итогового ранга с помощью медианы Кемени.

5. Составление календарного плана реализации плановых мероприятий в соответствие с полученным рангом с учетом финансовых возможностей, определенных инвестиционной программой.

Как представляется, применение предложенного подхода к составлению календарного плана программ инвестиционных мероприятий по развитию электросетевого комплекса, основанного на учете технических, финансовых, организационных, социальных и экологических факторов, должно повысить устойчивость, управляемость и экономическую эффективность функционирования единой энергосистемы страны.

Литература

1. Федяков И. Износ оборудования системная проблема всей электроэнергетической отрасли // Электротехнический рынок. 2011. №3(39). – Режим доступа: http://market.elec.ru/nomer/36/iznos-oborudovaniya-sistemnaya-problema-vsej-elekt/

2. Мешалкин В.П., Михайлов С.А., Дли М.И. Прогнозный топливно-энергетический баланс региона как инструмент управления энергосбережением // Энциклопедия инженера-химика. 2011. № 8. С. 8-13.

3. Михайлов С.А., Дли М.И., Балябина А.А. Виды региональных стратегий энергосбережения // Нефтегазовое дело. 2009. № 2. С. 48.

4. Энергетической стратегии России на период до 2030 года // Министерство энергетики Российской Федерации [Электронный ресурс]. – Электронные данные. – М., сор. 2008-2014. – Режим доступа: http://minenergo.gov.ru/aboutminen/energostrategy/

Хубаев Т.А.
д.э.н., профессор, заведующий кафедрой Горского государственного
аграрного университета
Гугкаева С.С.
аспирант кафедры налоги и налогообложения Горского государственного
аграрного университета, E-mail: 5-sofa-5@mail.ru

ЗАРУБЕЖНЫЙ ОПЫТ ГОСУДАРСТВЕННОЙ ПОДДЕРЖКИ И ВОЗМОЖНОСТИ ЕГО ИСПОЛЬЗОВАНИЯ В РОССИИ

Современное состояние всего агропромышленного комплекса диктует необходимость коренного пересмотра методов государственной поддержки. Поэтому для нашей страны будет интересен и полезен опыт использования рациональных элементов в организации системы государственного регулирования сельскохозяйственного производства в странах с развитой экономикой.

Государственная поддержка сельского хозяйства за рубежом – это довольно сложный механизм, включающий инструменты воздействия на доходы фермеров, структуру сельскохозяйственного производства, аграрный рынок, социальную структуру села, межотраслевые и межхозяйственные отношения.

Государственная поддержка аграрной сферы в развитых зарубежных странах основана на сочетании экономических и административных методов управления.

Административные методы включают государственные программы, директивное планирование (пятилетние планы, ежегодные планы социально-экономического планирования), инструменты внешнеторговой политики (сертификация импорта, квотирование и лицензирование). Они направлены не только на повышение эффективности государственного регулирования, но и на предотвращение нецелевого использования бюджетных средств.

Экономические методы представлены двумя группами: прямые и косвенные. К мерам прямого государственного воздействия относятся инструменты финансово-бюджетной политики: прямые субсидии, включая развитие производственной инфраструктуры и социальной сферы села; государственные компенсационные платежи; платежи при ущербе от стихийных бедствий; платежи за ущерб, связанный с реорганизацией производства (выплаты за сокращение посевных площадей, вынужденный забой скота и т.д.), финансирование НИОКР.

К мерам косвенного государственного регулирования АПК относятся: инструменты ценовой политики, в том числе госзакупки, мониторинг цен на средства производства, гарантированные закупочные цены на основные виды сельскохозяйственной продукции; инструменты налоговой политики – льготный режим налогообложения; компенсация издержек сельхозпроизводителей на приобретение средств производства путем предоставления субсидий на приобретение удобрений, ядохимикатов и кормов, выплату процентов по полученным кредитам, выплаты по страхованию имущества, развитие сельских финансовых учреждений нового типа т.д.

Среди рассмотренных мер в странах с развитой агроэкономикой преобладают меры косвенного государственного регулирования. Некоторые из них рассмотрим подробнее и прежде всего их законодательный аспект.

Все процессы государственной поддержки и финансирования сельхозпроизводства не просто регулируются законодательно, а в них подробно отражены правила, требования, критерии и формы государственной поддержки. Например, закон о сельском хозяйстве США состоит из нескольких томов и содержит конкретные цифры по производству всех продуктов питания, по объему выделения государственных средств на поддержку сельхозпроизводителя. [1,10]

В дополнение к этому закону разработана и функционирует долгосрочная государственная инвестиционная программа развития сельского хозяйства и регулирования агропродовольственных рынков. Кроме того, действуют государственные программы по охране природных ресурсов сельскохозяйственного производства: пахотных земель, пастбищ, водных ресурсов, лесов. Например, фермерам, согласившимся перевести часть своих посевных площадей из-под культур, оказывающих истощающее воздействие на почву (зерновые, хлопок и др.) под культуры консервирующего типа (пастбищные травы), выделяются субсидии. А фермерам, внедряющим на своих землях различные сберегающие или консервирующие технологии, компенсируется до 50 % издержек, связанных с залужением и лесопасадками на данных площадях.[4,352]

В структуре косвенных мер государственного воздействия на сельскохозяйственное производство зарубежных стран наибольший удельный вес приходится на средства, направленные на поддержку цен реализации, что способствует стабилизации рынков, регулированию объемов и структуры производства. В тоже время политика поддержания цен является одним из инструментов социальной помощи селу.

Одним из факторов, позволяющих успешно функционировать сельскому хозяйству за рубежом, является «щадящий» налоговый режим, хотя в развитых странах мира агропроизводство подлежит налогообложению наряду с другими секторами экономики. В то же время традиционно аграрному сектору предоставляются определенные налоговые преференции, а также особый режим налогообложения, связанный со специфическими особенностями производства: сезонностью, зависимостью от погодного фактора, преобладанием мелких семейных производителей. [3, 17]

Особую роль в бюджетной поддержке сельского хозяйства за рубежом в отличие от российской практики играет система сельскохозяйственного кредита. Например, в Германии существует система помощи начинающим фермерам (стартапам), которая включает, помимо безвозмездных пособий, заем до 200 тыс. евро (под 5% годовых) или общественный заем до 120 тыс.евро для целей строительства (под 1,5% годовых). Также предусмотрен договор страхования коммерческого кредита, предоставляемого для приобретения средств производства (страховой тариф составляет около 0,4 %).

В Великобритании с системой фермерского кредита тесно связаны ипотечные кредиты под залог земли: с 1928 г. создана и действует Сельскохозяйственная ипотечная корпорация, которая получает государственные дотации в виде сокращенного процента. Кредитование осуществляется на срок от 5 до 40 лет, а максимально возможный размер залога составляет треть стоимости имущества. Говоря о краткосрочном кредитовании, можно отметить, что фермеры чаще используют не традиционные банковские ссуды, а овердрафты.

В Финляндии часть государственной поддержки осуществляется через Фонд сельского хозяйства, формируемый за счет государственных перечислений, процентов по ссудам и налогов на земельные угодья. Фонд предоставляет фермерам кредиты на строительство зданий и коммуникаций, покупку сельскохозяйственного оборудования, рекультивацию земель, формирование продуктивного стада под 4-7% годовых в зависимости от региона.

В условиях мирового экономического кризиса Президентом Франции Н. Саркози было принято решение о предоставлении беспрецедентной помощи сельскому хозяйству в 2010 г. в 1,65 млрд. евро, из этой суммы 1 млрд. евро выделен на предоставление банковских кредитов, 650 млн. евро – на государственную помощь. Кредитная ставка при этом составляет 1,5% годовых, а для молодых фермеров – 1% годовых. [2].

В рамках государственной поддержки сельского хозяйства США существуют два вида цен:

- целевые (гарантированные) цены, которые распространяются на наиболее важные виды сельскохозяйственной продукции. Уровень целевых цен рассчитан таким образом, чтобы они гарантировали уровень дохода для самофинансирования расширенного воспроизводства на фермах со средним и пониженным уровнями затрат. Реализация фермерской продукции происходит по рыночным ценам, которые могут быть выше, ниже либо равны целевым. Но в конце года (иногда и в течение года по авансовым платежам) фермер получает разницу между целевой ценой и ценой реализации, если последняя ниже. Таким образом, именно целевая цена является экономической реальностью для фермера, т.е. окончательной ценой реализации, которую стали называть гарантированной;

- залоговые цены (залоговые ставки). По залоговой фиксированной цене фермер сдает в Товарно-кредитную корпорацию (ТКК) под залог всю продукцию в случае, если рыночные цены складываются, ниже залоговой цены. В соответствии с положениями Сельскохозяйственного закона 1985 г. фермерам США предоставлено право произведенную ими продукцию продать на свободном рынке, реализовать по контрактам, заложить на хранение непосредственно в хозяйстве в ожидании более высоких цен на рынке, сдать под залог в ТКК. В последнем случае заложенная продукция в течение 9 месяцев может быть выкуплена фермером. Если этого не произойдет, то она переходит в собственность ТКК, а фермер получит за нее денежную компенсацию по залоговой цене (ставке) за вычетом издержек за хранение.

В странах ЕС функционирует несколько иной ценовой механизм: на сравнительно высоком уровне установлены целевые или ориентирные цены, гарантирующие средним и крупным по размерам производства фермерским хозяйствам определенный уровень дохода. Функцию минимальных цен выполняют цены вмешательства. По этим заранее фиксированным ценам сельскохозяйственную продукцию у фермеров закупают государственные закупочные организации, что является действенным средством против снижения рыночных цен ниже установленного минимума.

По данным Организации экономического сотрудничества и развития (ОЭСР, Париж), доля помощи государства в доходах фермеров продолжительное время составляла в Австралии 15%, США – 30%, Канаде – 45%, странах общего рынка – 49%, Австрии – 52%, Швеции – 59%, Японии – 66%, Финляндии – 71%, Норвегии – 77%, Швейцарии – 80%, России - лишь 3,5% [2].

Рассматривая объемы господдержки сельского хозяйства в России, США и ряде стран Западной Европы свидетельствует о том, что по многим реализуемым в нашей стране государственным программам и проектам приоритетное положение АПК носит декларируемый характер.

Совокупная бюджетная поддержка сельхозтоваропроизводителей от стоимости валовой сельскохозяйственной продукции в экономически развитых странах и государствах ЕС составляет 32-35 %, в то время как в России не более 7%, что соответствует уровню развивающих стран. [3,17]

Таким образом, государственное регулирование агропромышленного сектора экономики является приоритетным направлением аграрной политики большинства развитых стран. При этом используются различные экономические инструменты (дотации, компенсации издержек производства, поддержка цен, субсидии на совершенствование производственной структуры, разработка и осуществление различных программ), действие которых создает благоприятную конъюнктуру для обеспечения устойчивого функционирования всего агропромышленного комплекса. Несмотря на то, что Россия находится в несколько иных условиях, принципы и формы государственного финансирования сельского хозяйства в рассмотренных странах могут быть учтены при разработке концепции государственной финансовой поддержки сельскохозяйственного производства в России.

Литература

1.Борнякова е.в. международный опыт государственной помощи сельскому хозяйству. Вестник удмурского университета,2011, вып. 2 С.10-15

2.Ежедневное аграрное обозрение. [Электронный ресурс]. Режим доступа в Интернет: URL: http://agroobzor.ru/news/a-4941.htm

3.Климова Н. В. Особенности регулирующего воздействия государства на агробизнес в зарубежных странах Научный журнал КубГАУ, №90(06), 2013 С. 17

4.Назаренко В.И., Папцов А.Г. Государственное регулирование сельского хозяйства в странах с развитой экономикой. М.: Информагробизнес, 1996. С. 352

Шимарина И.Е.
магистрант 2 года, ФГАОУ ВПО Казанский (Приволжский)
Федеральный Университет
Ермохина Н.В.
координатор программ Региональной общественной организации
"Совет молодежных организаций Республики Татарстан", АНО
"Исполнительная дирекция «Казань-2013»

БАРЬЕРЫ РАЗРАБОТКИ И РЕАЛИЗАЦИИ ГОСУДАРСТВЕННЫХ ПРОГРАММ В РЕСПУБЛИКЕ ТАТАРСТАН

Одним из важнейших инструментов проведения институциональных преобразований на любом уровне экономической среды является программно-целевое планирование. Данный механизм актуален как для национальной экономики в целом, так и для отдельных региональных ее подсистем. Рассмотрим процесс разработки и внедрения данного метода на примере Республики Татарстан.

В 2013 году Министерством экономики Республики Татарстан совместно с Министерством финансов Республики Татарстани отраслевыми министерствами, как и на протяжении последних 10 лет, продолжалось внедрение программного подхода в практику бюджетного процесса.

В 2013 году доля программных расходов бюджета Республики Татарстан составила 75% от общего объема расходов бюджета республики, на 2014 год указанная доля так же составит 75%.[1]

Управление социально-экономическим развитием территорий на основе программно-целевого подхода реализуется посредством комплексного механизма региональных целевых программ.

На 1 января 2014 года в Республике Татарстан насчитывалось 59 ведомственных и 58 долгосрочных целевых программ. Запланированный объем финансирования долгосрочных и ведомственных целевых программ на 2013 год составил 161,2 млрд. руб., в том числе из бюджета Российской Федерации – 29,2 млрд. руб. (18,1%), из бюджета Республики Татарстан – 86,2 млрд. руб. (53,5%), из местных источников – 2,1 млрд. руб. (1,3%), из внебюджетных источников – 43,7 млрд. руб. (27,1%).

По данным ежеквартального мониторинга фактический объем финансирования целевых программ за 2013 год составил 150,6 млрд. руб., в том числе из бюджета Российской Федерации – 29,3 млрд. руб. (19,4%), из бюджета Республики Татарстан – 91,7 млрд. руб. (60,9%), из местных источников – 1,5 млрд. руб. (1,0%), из внебюджетных источников – 28,1 млрд. руб. (18,7%). [1]

Программно-целевой метод является эффективным инструментом экономического развития, однако, за время его применения были выявлены определенные сложности, уменьшающие и замедляющие социально-экономическую результативность региональных целевых программ. Значительная часть недочетов, являющихся причинами недейственности государственных программ, закладывается еще на этапе подготовки и разработки программы.

В данной статье проведен анализ барьеров разработки, внедрения и реализации государственных программ в Республике Татарстан. Итак, выделим основные группы барьеров.

1. Бюрократические (административные)– барьеры согласования, внедрения и реализации программы. Они обусловлены разветвлённой, иерархической структурой системы управления и самоуправления (включая государственное, местное, внутрифирменное и т.д.), которая удлиняет пути прохождения документов, в том числе вследствие недостаточной компетентности или нерадивости государственных, муниципальных и иных служащих.

a. Внутри структур государственного заказчика программы – согласование и выделение ответственных исполнителей по блокам программы.

b. При согласовании программы с заинтересованными ведомствами.

c. При утверждении программы Правительством региона.

d. Тендерные барьеры (выбор исполнителя проекта).

Данные барьеры препятствуют доступности услуги, что ведет за собой, помимо непосредственного ее недополучения, издержки временные (что увеличивает временной лаг между осознанием необходимости формирования госпрограммы и ее непосредственным принятием), стоимостные издержки принятия программы, информационные издержки (прозрачность и компетентность), коммуникационные издержки.

Доступность государственных услуг обратно пропорциональна административным барьерам. Существует гипотеза, по которой величина административного барьера способствует повышению риска коррупции, так как человек, сталкивающийся с административным барьером, стремится минимизировать свои потери времени, неудобств, снизить неопределенность в результате получения услуги.[2]

2. Барьеры содействия (распределение полномочий, межведомственное взаимодействие):

a. Взаимосвязь интересов государственного заказчика, реализаторов программы, общественных инициаторов и исполнителей программы.

b. Состыковка интересов ведомств по реализации программы.

3. Барьеры личного участия (личная заинтересованность в каком-либо результате). Личная заинтересованность уполномоченных лиц может

идти вразрез с генеральной целью программы, либо даже противоречить ей.

4. Организационные барьеры реализации региональных целевых программ:

a. Барьеры методического обеспечения – недостаточность разработки сферы реализации программы, ее отсутствие либо поверхностность.

b. Барьеры взаимодействия – формирование границ компетенций заказчиков, исполнителей и инициаторов программы.

c. Барьеры кадрового обеспечения (сбор команды программы, подготовка квалифицированных кадров).

d. Барьеры оперативного управления (выбор руководителя и структуры подчинения, управления) – организационная структура.

5. Материально-технические барьеры реализации программ:

a. Неверное планирование ресурсного обеспечения (В программу закладывается количество средств, недостаточное для ее эффективного и своевременного исполнения; дефицит финансовых ресурсов)

b. Несвоевременное освоение средств программы, которое в том числе ведет к сокращению финансирования на следующий срок реализации программы

c. Нецелевое использование ресурсов программы

6. Барьеры, связанные с планированием деятельности по программе:

a. Неверное распределение материально-технического обеспечения.

b. Составление невыполнимого графика реализации программы.

c. Неверная хронологическая последовательность реализации программы.

d. Отсутствие оценки рисков реализации программы, в том числе внешних факторов (форс мажор).

7. Барьеры контроля хода реализации программ:

a. Связанные с недостаточно разработанными индикаторами – неверные индикаторы, не отражающие результативность программы, или неверный подсчет значений индикаторов.

b. Связанные с «узкими» местами планирования проекта.

c. Неопределенные цели программы.

d. Неизмеримые результаты программы.

e. Недооценка важности текущего контроля.

8. Информационные барьеры – недостаточная осведомленность населения о ходе реализации программы. Согласно данным Всероссийского центра изучения общественного мнения, одним из показателей эффективности государственных программ выступает осведомленность населения о проводимых программах.

Информационные барьеры могут возникать независимо от человека (т.е. являться объективными), а могут создаваться источником информации или же возникать за счёт приёмника информации (здесь речь идет о субъективных барьерах).

Информационные барьеры при реализации государственных программ могут подразделяться на следующие типы:

1. Пространственные (географические) барьеры. Они возникают вследствие удаления источника информации о программе и получателя(населения) информации друг от друга в пространстве.

2. Временные барьеры. Связаны с разделением источника и приёмника информации во времени. При этом, чем большим является это удаление, тем существеннее становится информационный барьер и тем труднее, как правило, он преодолевается.

4. Экономические барьеры - связаны с отсутствием или дефицитом финансовых средств для производства, передачи, потребления информации.

5. Семантические (терминологические) барьеры - появляются в результате различного толкования разными людьми слов, терминов, символов. В частности, тому или иному термину порой приписываются разные понятия, даются различные определения понятий.

Снятие проанализированных в данной статье барьеров различного характера позволит увеличить результативность, финансовую и социально-экономическую отдачу государственных программ, сократит временной лаг их разработки и реализации, а также позволит избежать многочисленных корректировок программ в ходе их реализации.

Список литературы:

1. Сборник «Итоги деятельности Министерства экономики Республики Татарстан за 2013 год»/ Министерство экономики Республики Татарстан. – Официальный сайт. - режим доступа: http://mert.tatarstan.ru/rus/info.php?id=598890, свободный

2. Как преодолеть административные барьеры // журнал «Перспектива-Регион», 2006. - № 2. - режим доступа: http://pressmedia.ru/stat_cat.php?id=195, свободный

3. Постановление Правительства РФ от 02.08.2010 № 588 «Об утверждении Порядка разработки, реализации и оценки эффективности государственных программ Российской Федерации».

4. Опыт субъектов РФ по разработке государственных программ и переходу к программному бюджету.// Электронный журнал «Госменеджмент». – режим доступа: http://www.a-econom.com/press_center/ananlitics?show_id=10923&pages=1.

www.ingramcontent.com/pod-product-compliance
Lightning Source LLC
Chambersburg PA
CBHW051802170526
45167CB00005B/1846